# 시네마 스케이프

# 시네마 스케이프

영화로 읽는 도시 풍경

**초판 1쇄 펴낸날** 2017년 8월 31일

**지은이** 서영애

**펴낸이** 박명권

**펴낸곳** 도서출판 한숲 ｜ **신고일** 2013년 11월 5일 ｜ **신고번호** 제2014-000232호

**주소** 서울시 서초구 서초대로 62 (방배동 944-4) 2층

**전화** 02-521-4626 ｜ **팩스** 02-521-4627 ｜ **전자우편** klam@chol.com

**편집** 남기준 ｜ **디자인** 팽선민

**출력·인쇄** 금석인쇄

ISBN 979-11-87511-11-3  03520

* 파본은 교환하여 드립니다.

* 이 도서의 국립중앙도서관 출판예정도서목록(CIP)은 서지정보유통지원시스템 홈페이지 (http://seoji.nl.go.kr)와 국가자료공동목록시스템(http://www.nl.go.kr/kolisnet)에서 이용하실 수 있습니다(CIP제어번호: CIP2017021675).

값 12,000원

# 시네마 스케이프

서영애

한숲

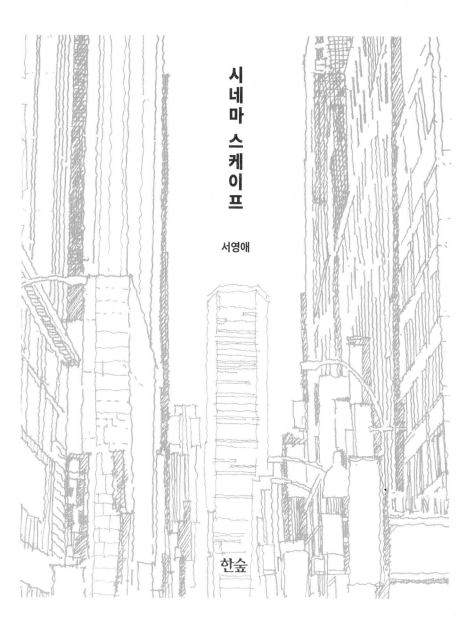

CINEMA SCAPE

나의 영화관, 우리의 도시

서영애는 내 동네친구다. 저녁 먹고 나서 아파트 정자에서 캔맥주 하나씩 들고 만나는 사이다. 동네친구는 사회친구, 학교친구와는 다른 소통의 레이어를 한 층 더 가지고 있다. 우리는 목욕탕과 마사지 아줌마와 치과와 카페와 식당과 아이들 수학 선생과 영어 선생, 어학연수 업체를 공유하면서 깨알 정보를 교환한다. 동네친구의 우정이 20년 넘어 절친이 되면 하느님도 못 깬다.

그녀는 놀랍도록 유능한 멀티플레이어다. 나는 신문사든 공직이든 소설이든 한 시기에는 한 가지 일만 한다. 그런다 해도 여자들은 대개 아이 키우고 살림 사는 일로 이미 투잡이기 때문이다. 그런데 이 여성은 늘 바깥일만 메뉴가 서너 가지다. 조경설계사무소를 운영하면서 박사과정 다니면서 강의 나가면서 서울시 공공조경가 활동을 한다. 그리고 결정적으로, 세 아이의 엄마다.

그녀는 대한민국 1%의 문화애호가다. 문화계 종사자들이 널려있는 내 주위에서 그녀는 최고의 '얼리 어답터early adopter'이고 '헤비 컨슈머heavy consumer'다. 주로 영화와 문학 쪽이지만, 그녀의 취향과 안목은 가히 프로급이다. 그녀는 『씨네21』을 창간한 나보다 『씨네21』을 더 꼼꼼히 읽는다. 영화 일을 한 나보다 영화를 더 많이 본다. 홍상수 감독과 아는 사이인 나도 그의 영화를 빠뜨린 게 있는데 그녀는 전작을 다 섭렵했다. 그리고 반드시 개봉 첫 날, 주로 목요일인데, 영화를 보러간다. 그녀는 소설가인 나보다 먼저 김연수의 『소설가의 일』을 읽고 "이 책 아주 쓸 만해"라며 내게 선물했다. 그녀는 내게 웹툰의 인기 메뉴를 추천하고 필견must see의 TV 드라마에 대한 정보를 준다.

문화적으로 예민한 사람은 정치적으로 예민할 수밖에 없다. 두 가지 모두 우리 삶의 질을 규정하기 때문이다. 그녀는 일간지들을 비교하면서 관점들을 검토하고, 선호하는 기획이나 칼럼을 생긴다. 그녀는 운동권 대학생도 아니었고 전공이나 가계나 노는 물이나 운동권하고는 거리가 있지만 늘 나름의 정치적 올바름을 견지한다. 말하자면 자수성가형 진보다. 누구를 추종하거나 베끼거나 하는 법 없는, 그래서 자유롭고, 그래서 건강한 진보주의자다.

그녀가 『환경과조경』에 '시네마 스케이프' 코너를 쓸 때 매달 원고를 읽었다. 내가 본 영화도, 보지 않은 영화도 있었다. '랍스터'나 '부다페스트 호텔'은 칼럼을 읽은 다음 챙겨보았다.

그녀의 글은 편안하고 재미나다. 직업적인 평론가의 것이 아니라서 오히려 편안하고, 영화를 따라가는 재기발랄, 생기발랄한 시선이 재미나다. 말하자면 자수성가형 비평의 매력이다. 영화를 이야기할 때 우리는 주로 내러티브와 대사와 캐릭터에 주목한다. 서영애의 영화 이야기에는 일반적인 평론의 시선에서 비껴나 있는 것 한 가지가 눈에 들어온다. 그녀의 안내 덕분에 우리는 새삼 영화의 배경에 주목하게 되고 장소가 이야기를 이끌고 가는 경우를 경험하게 된다. 말하자면 전문직 영화 감상의 특별함이다.

2017년 8월

조선희

* 소설가, 언론인. 『씨네21』 편집장과 한국영상자료원장과 서울문화재단 대표를 지냈고, 최근 장편소설 『세 여자』를 냈다.

"왜 영화로 경관을 보려고 하나요?"

"그냥 보는 것과 영화로 보는 것에 어떤 차이가 있죠?"

'영화를 통한 도시 경관 해석'이라는 주제로 논문 계획서를 발표하자 쏟아진 질문이다. "영화를 좋아해서요"라고 답했다가는 욕먹기 딱 좋다. 남보다 늦은 나이에 대학원을 다니면서 학문에 큰 획을 긋겠다는 목표 같은 건 없었다. 그래도 논문을 쓰려면 뭔가 학구적인 핑계가 필요했다. 아는 게 없으니 무식했고 무식하니 용감했다. 경관과 영화에서 출발해 기호학, 사회학, 장소론, 문화정치에 이르기까지 닥치는 대로 읽었다. 조경 설계만 하다가 대학원 공부를 하며 접한 새로운 세계는 흥미진진했다. 공간이 만들어지고 작동하는 데는 기술적 해법만큼이나 정치, 경제, 사회, 역사, 문화 등 앞뒤 맥락이 중요하다는 것을 알게 되었다. 점차 물리적 공간과 사람 간의 관계에 관심을 갖게 되었다.

이 책은 2014년 7월부터 월간 『환경과조경』에 연재하고 있는 '시네마 스케이프'를 엮은 것이다. 서너 편 외에는 3년간의 연재 기간 동안 개봉한 영화들이다. 주제에 따라 장소, 경관, 도시, 시간, 일상, 유머, 이렇게 여섯 개의 키워드로 정리했다. 영화를 통해 보는 경관의 대상은 물리적 공간일 수도 있고 공간과 사람의 관계일 수도 있다.

책의 내용은 공원은 왜 만들어졌는가(카페 소사이어티), 정원의 본질은 무엇일까(마담 프루스트의 비밀정원), 한 공간이 특별해지는 계기는 무엇일까(브루클린), 도시의 정체성은 어떤 요인으로 생성되는가

또는 쇠락하는가(라라랜드, 경주, 로스트 인 더스트), 유산을 현대적으로 재해석하는 방법은 무엇인가(디올 앤 아이)와 같은 도시 공간에 대한 궁금증부터, 설계가로서 느끼는 지난한 여정(버드맨), 일하는 여성을 바라보는 동지 의식(조이), 돌아가신 아버지가 떠오르는 일상의 공간(걸어도 걸어도)과 같이 내 자신의 경험을 바탕으로 한 이야기까지 폭 넓은 스펙트럼 위에 있다.

영화를 보고 나서 한 호흡으로 써내려 간 적도 있지만, 한 달의 절반을 원고와 보낸 적이 더 많았다. 일하면서도 속으로 장면을 그려보고, 관련 책을 뒤적이고, 다시 보기를 거듭했다. 영화 '동주'로 한 달 내내 윤동주와 함께 아팠고, '라라랜드'는 자동차 도시 LA의 특성을 다시 생각하는 계기가 되었다.

대학원 시절 이후 글쓰기와 강의를 이어오면서 십여 년 전의 "왜 영화로 경관을 보려고 하는가"라는 질문에 느리지만 성실하게 답하고 있는 중이다. 내가 좋아하는 영화, 나만 보던 풍경을 이제 더 많은 사람과 나누고 싶다.

소중한 기회를 준 『환경과조경』 편집부와 도서출판 한숲, 일러스트를 맡아준 비범한 재능의 소유자 '디자인 로직'의 오형석 소장에게 특별한 고마움을 전한다.

2017년 여름
서영애

**차례**

## 영화로 경관을 읽다

뉴욕의 센트럴 파크가 조경가 프레더릭 로 옴스테드의 작품이라는 건 널리 알려져 있다. 하지만 왜 하필 19세기 뉴욕 한가운데 대형 공원이 생겼는지, 무엇이 21세기까지 이 공원의 가치를 유지하게 만드는지 이해하자면 간단한 일은 아니다. 뉴욕을 대표하는 두 감독인 마틴 스콜세지와 우디 앨런의 영화를 통해서 보면 쉽고 흥미롭게 알 수 있다. 마틴 스콜세지가 재현한 뉴욕의 역사와 폐쇄적인 귀족의 삶은 당대의 시대상을 짐작하게 만든다. 우디 앨런이 1970년대부터 지금까지 센트럴 파크에서 찍은 영화를 보면 자연스럽게 공원과 사람의 관계를 이해할 수 있다.

조경학자 줄리아 처니악에 따르면, 공원과 도시의 경계부에서 일어나는 다양한 문화적 행위가 공원과 도시 모두를 풍요롭게 만드는 요인이다. 우디 앨런의 영화에는 공원의 경계에 대해 생각해 볼만한 장면들이 있다. 그의 영화 '부부일기Husbands and Wives'(1992)의 한 대목이다. 강의가 끝난 후 교수와 학생이 대화를 시작한다. 작가를 지망하는 예쁜 여학생에게 사심을 가진 교수가 지나치게 성의 있는 태도로 대화에 임한다. 긴 대화는 학교를 빠져나와 공원 입구 계단으로 이어지고 공원의 산책로에서 계속된다. '자, 우리 공원에 가볼까요' 같은 의도 없이 물 흐르듯이 학교에서 공원으로 이어지고 있는 것이다. 반대로 공원에서 외부로 이어지는 장면도 있다. '맨해튼'(1979)에서는 공원에 있던 남녀가 갑작스럽게 내리는 비를 피해 천문대로 들어간다. 우발적으로 간 장소가 낭만의 상징인 별을 보는 곳이라니. 남녀의 감정이 무르익는 건 당연하다. 영화 속 등장인물은 정신과 치료를 받는 전형적인 뉴요커로, 공원을 걸으며 투덜대고 위로하고 절망하고 사랑한다. 공원이 현대인에게 어떤 역할을 하는지 쉽게 와 닿는다. 이런 사례를 보자면 도시 공원의 경계에는 울타리를 치면 안 된다. 커피 한 잔 들고 어디에서든 들어갈 수 있어야 한다. 걸어서 공원을 지나 집으로, 미술관으로 간다고 상상해 보자. 얼마나 근사한 일인가.

## 30년째 유망 직종, 조경

나는 전공을 스스로 선택했다. 고등학교 시절 한 선생님으로부터 "만들 조造, 경치 경景, 경치를 만드는 '조경'이란 환경을 아름답게 디자인하는 일"이라는 설명을 들은 게 계기였다. 폼 나는 일이라고 생각했다. 바람대로 조경 설계하는 일을 직업으로 가지게 되었다. 한 분야의 전문가로 인정받으면서 매번 새로운 프로젝트를 만나는 일, 기대한 만큼 폼은 안 나지만 보람 있는 일이긴 하다.

도시의 가로나 광장, 공원, 정원, 하천, 리조트 등을 조성하는 일, 조경의 범위는 넓다. 하지만 의식주와 같이 생존을 위해 꼭 필요한 게 아니란 점은 딜레마다. 개인이나 정부는 외부 공간에 우선적으로 예산을 편성하지 않는다. 조경은 건설 경기와 같은 경제적 상황에 영향을 받을 뿐 아니라 개인의 취향과 주로 관련된다. 사실 아름답고 건강한 환경을 만드는 일은 삶의 질을 높이는 일이다. 당장 먹고 사는 일만큼 중요할 수 있다. 그러나 이러한 공감대가 아직은 충분히 형성되지 않았다. 조경 분야가 30년째 유망직종에 머무르는 이유다.

이런 상황에서 할 일은 점점 더 다양해지고 있다. 물리적 공간을 만드는 일에서 정책을 제안하고 문화 프로그램을 수립하는 단계로 확대되고 있다. 경력이 쌓일수록 공부할 게 더 많아진다. 인문학에 대한 소양을 꾸준히 배양하며 건축이나 토목 같은 인접 분야의 신기술도 이해해야 한다. 역사적인 맥락을 깊이 이해하면서 동시에 빠르게 변하는 문화 트렌드에도 민감해야 한다. 구체적으로 사람들이 어떤 공간에서 행복한지, 뭐하고 놀 때 즐거운지 알아야 한다. 조금 더 거창하게 말하자면, 조경가가 경관에 개입한다는 것은 자연과 인간의 관계를 고민하는 일이며 과거와 미래 사이의 징검다리를 놓는 일이다.

## 어느 이과주의자의 고백

나는 책을 가까이 하는 아이가 아니었다. 가만히 앉아 책 읽기에는 집밖에 재미난 놀 거리가 너무 많았다. 해질녘 시작하는 TV 만화영화도 좋아했다. '독수리 오형제'나 '로보트 태권브이'에 빠져 지구의 안위를 걱정하며 지냈다. 청소년기에는 독후감 쓰는 숙제가 제일 싫었다. 당시 유행하던 삼중당 문고판 책(이것의 정체를 안다면 당신은 옛날 사람) 읽는 게 고작. 그나마 요약된 줄거리 위주로 읽었다. 『데미안』보다는 '퀸'의 새 음반이 더 궁금했고, 셰익스피어보다는 영화 '로미오와 줄리엣'의 로미오 역을 연기한 '레오나르도 화이팅'(레오나르도 디카프리오 아님)의 미모에 더 몰두했다.

학교에서 배우는 과목 중에는 역사와 지리를 멀리했다. '다음 중 같은 해에 일어나지 않은 일은?' '지역과 특산물이 맞게 짝지어 진 것은?'과 같이 스토리나 맥락은 생략한 채 단순히 외우기만 하는 공부는 지루하기 짝이 없었다. 반면 공식과 원리만 이해하면 응용해서 답을 구할 수 있는 수학이나 과학 과목은 적성에 맞았다. 미술을 좋아했지만 별 고민 없이 이과를 선택했다. 고도 성장기에 청소년기를 보낸 나는 한때 '이과 우월론자'였다. 과거의 일을 파헤치거나 의미 따위를 고민하는 일은 쓸모없다고 여겼다. 국가와 민족을 번영케 하고 지구를 구할 수 있는 선진 과학기술만이 최선이라 믿었다.

세월이 흘러 어쩌다 영화로 논문을 쓰는 바람에 문과로 전향하게 되었다. 눈에 보이는 물리적 공간 이면에는 무엇이 있는지, 사람들이 관계하며 만드는 도시문화는 어떻게 특별한지, 켜켜이 쌓인 시간이 창조하는 장소는 어떤 가치를 가지는지 궁금해졌다. 결국 박사 논문의 주제는 지리학을 바탕으로 한 문화경관. 오래된 장소의 역사를 파헤치는 연구를 하게 되었다. 그토록 싫어하던 지리와 역사가 결합된 논문이라니, 알 수 없는 인생이다. 정답이 분명하지 않은 질문에 답하는 건 여전히 어렵지만, 과거의 일을 파헤치거나 의미를 해석하는 일도 기술 혁신 못지않게 가치 있는 일이라고 믿게 되었다. 언젠가는 『파우스트』나 『죄와 벌』처럼 누구나 읽은 것 같지만 정작 아무도 읽지 않은 책에 도전하리라는 원대한 꿈을 갖고 있다. 회개하는 심정으로.

## 영화, 문화자본이 되다
책읽기와 달리 영화보기는 어릴 때부터 취미였다. 중학교 2학년

때 처음으로 혼자 영화를 보러 국제극장에 갔다. 광화문에 갈 때까지는 용기를 냈는데 영화가 끝나고 나자 덜컥 겁이 났다. 누가 쫓아오지도 않는데 숨도 안 쉬고 뛰어서 지하도를 건넜다. 무사히 집에 가는 버스를 탔지만 가슴은 여전히 콩닥콩닥 뛰었다.

고등학생 때에는 학교 앞 극장에서 상영하는 미성년자 관람 불가 영화 '캣 피플'에 도전하기에 이른다. 같이 간 친구 중 한 명이 극장 앞에서 학생부 선생님을 보았다고 했다. 가슴을 졸이며 영화를 봤지만 적발되지 않고 무사히 극장을 빠져나왔다. 난생처음 본 올 누드와 베드신은 충격 그 자체였다. 게다가 여주인공이 사랑을 나눈 후엔 표범으로 변하다니, 한동안 악몽을 꾸었다.

부동산 열풍의 시대, 엄마는 강남 끝자락으로 이사를 결행했다. 전학을 거부한 나는 강북의 학교까지 한 시간 넘게 걸려 통학했다. 고3 때는 학교 근처 이모 집에서 생활하다 주말에 집에 가곤 했다. 버스를 갈아타는 신사동 정류장에 있던 영동극장에 자주 들렀다. 리처드 기어가 나오는 야한 영화와 한국 영화 '감자'를 이어서 봤다. 몇 주째 같은 영화를 보기도 했다.

대학에 들어간 후에도 영화 사랑은 계속되었다. 개봉관 영화를 다 보고 나면 학교 근처에 있던 미도극장이나 삼선교의 동시 상영관에 갔다. 동네마다 비디오 가게가 생긴 후에는 진열대의 한쪽 끝부터 반대편까지 감독과 내용을 불문하고 차례대로 빌려봤다. '의천도룡기' 같은 시리즈물은 마약과도 같아서 첫 편을 보기 시작하면 끝을 볼 때까지 식음을 전폐해야 했다. 그때부터 사랑한 양조위와 함께 나이를 먹다니, 생각해보니 행복한 일이다.

　우디 앨런, 페드로 알모도바르, 팀 버튼, 잉마르 베리만의 영화에 심취했고, 한국 감독 중에는 배창호와 이명세의 초기 작품들을 좋아했다. '접속'과 '8월의 크리스마스'를 보고 반해 한석규의 팬클럽에 들어가 다섯 살 된 딸을 데리고 팬 미팅 모임에도 갔다. 한석규가 딸을 안고 찍은 사진이 아직도 남아 있다. 나에게 영화란 단순히 보면서 즐기는 것이었는데, 영화를 매개로 공부하고 글을 쓰게 된 게 늘 신기하다. 숱한 시간을 투자한 영화보기가 뜻밖에 나의 '문화자본'이 되었다.

### 주관적 애정 시점

주관적 애정 시점. 휴대폰 카메라 광고 카피다. 뷰파인더를 통해 군중 속에서도 사랑하는 단 한 사람만 보이는 마법 같은 상황을 묘사하고 있다. 운동장에 단체 티를 입은 아이들 중에서, 같은 교복을 입고 줄 서 있는 졸업식장에서 내 새끼는 귀신같이 찾을 수 있다. 보고 싶은 것과 좋아하는 것은 크게 보인다. 실제 눈으로 보는 것에 비해 영화라는 렌즈를 끼면, 보고 싶은 것과 좋아하는 것이 확대되어 보인다. 배운 게 도둑질이라고 경관 만드는 일이 직업이다 보니 영화 속 상황과 무관하게 뒤 배경에 시선이 간다.

영화 속 배경은 글과 책으로는 설명하기 어려운 생생한 사례가 되거나 창작에 영감을 주기도 한다. 영화는 업무나 공부로 딱딱해진 두뇌를 말랑하게 만들어 주고 일과 육아에 지친 심신을 위로해 준다. 업무와 공부와 취미의 경계가 허물어지면서 점차 영화를 통해 경관을 보면 무엇이 어떻게 좋은지 알게 되었다. 영화는 무거운 이론이나 담론을 쉽게 설명하게 하는 적절한 텍스트다. 무엇보다 영화는 매일 반복되기 때문에 미처 잊고 지내던 일상의 반짝거림을 알아차리게 도와준다. 영화라는 렌즈를 통해 주관적인 애정 시점으로 경관을 보는 이유다.

마틴 스콜세지의 거시적 담론보다는 우디 앨런의 징징거림을, 박찬욱의 기획된 미장센보다는 홍상수의 우연을 좋아한다. 나는 운전은 잘 못해도 공간감이 남달라 주차는 잘한다. 목표를 향해 돌진하기보다는, 사사로운 주변 일로 산만하게 사는 편이다. 틈틈이 감동하니 그것으로 족하다. 영화를 보고 글을 쓰는 일, 내가 하는 일 중 가장 좋아하는 일이다.

# 장소

설계자는 공간을 만든다.
사람들은 그곳에서 사랑하고 꿈꾸며 살아간다.
공간은 개인의 고유한 체험과 감정이
스며들어 장소가 된다.
사람들이 장소를 만들어 간다.

> **"**
> *내 삶을 내가 설계할 수 있는가.*
> *과연 내가 살아있음을 느낄 수 있는 장소인가.*
> **"**

브루클린 중에서

# 공간은 어떻게
# 장소가 되는가

## 브루클린

소설가 김연수는 산문집 『소설가의 일』에서 인생의 중요한 전환점을 '다리를 불태우다'라는 말로 비유했다. 지나온 다리를 불태우면 다시는 이전의 나로는 돌아갈 수 없다. "대부분의 인생에서는 그게 다리였는지 모르고 지나가고, 그러고 나서도 한참 시간이 흐른 뒤에야 뒤늦게 그게 다리였음을, 그것도 자기 인생의 이야기에서 너무나 중요한 갈림길이었다는 사실을 깨닫는다." 내 인생에서 적어도 한 번 이상은 건넜을 다리, 그때가 언제였을까. 그 다리를 건너지 않았다면 지금과 얼마나 달라져 있을까.

'브루클린'은 1950년대를 배경으로 한 영화로, 에일리스(시얼샤 로넌 분)가 고향 아일랜드를 떠나 미지의 땅 브루클린에 적응하는 이야기다. 뉴욕은 미국이 독립한 후 짧은 기간 동안 수도였으며 브루클린도 19세기 초부터 도시화가 시작되었다. 1850년 아일랜드에서 일어난 대 기근으로 많은 아일랜드 인이 미국으로 이주하기 시작했다. 대 이주가 시작되고 100년 후, 에일리스가 도착한

22

브루클린은 고향 아일랜드와는 비교할 수 없을 정도로 화려하고 역동적인 도시였다. 브루클린 브리지를 배경으로 인파 속에서 출근하는 에일리스의 어리둥절한 모습은 희망을 품고 머나먼 곳에 둥지를 튼 수많은 이민자를 대변한다.

에일리스는 낯선 도시에 도착한 후 한동안 지독한 향수병을 앓는다. 하숙집의 엄격한 저녁 식사 자리나 점원으로 취직한 백화점에서도 잔뜩 주눅이 들어 누가 건드리면 금세 울음을 터트릴 것만 같은 표정이다. 그러던 그녀가 먼 훗날 그녀와 같은 경험을 하게 될 이에게 이렇게 말할 정도로 변한다. "힘들지만 향수병으로 죽지는 않아요. 곧 지나가죠." 영화는 두 도시에서 일어나는 일상의 변화와 만나는 사람들과의 화학작용을 통해 그녀가 어떻게 변화하는지 매우 디테일한 시선으로 묘사한다.

영화에서 짧은 슬로우 모션이 두 번 등장하는데, 한 번은 그녀가 입국 심사장을 통과한 후 파란색 문을 열고 환한 밖으로 나갈 때이고, 또 한 번은 타국에서 보내는 첫 번째 크리스마스에 함박눈을 맞으며 집에 돌아 갈 때다. 앞 장면이 물리적으로 다른 공간에 첫 발을 내딛는 날이라면 두 번째는 어떤 인식의 전환점이 되는 날이다. 크리스마스에 아일랜드 인을 위한 무료 급식소에서 봉사하면서 비로소 자신이 발붙이고 있는 곳에서 어떻게 살아야 하는지 깨닫는다. 고향을 그리워하지만 가지 못하는 사람들이 구슬픈 노래를 부르고 함께 어울려 술에 취하는 모습을 그녀는 물끄러미 바라본다. 같은 공간을 다르게 보기 시작하는 지점이다.

신부님의 도움으로 야간 대학에 다니면서 회계 자격증을 취득하고, 생활에 적응해가면서 까다롭기만 하던 하숙집 주인과 백화점 상관에게 인정받기 시작한다. 배관 일을 하는 이탈리아 이민자인 남자친구도 생긴다. 어리숙하던 그녀의 표정은 모두 놀랄 정도로 당당해지고 활기에 넘친다. 에일리스는 주변의 도움으로 도시 문화를 체득해간다. 스파게티 먹는 법, 최신 유행의 선글라스와 피부 톤에 맞는 수영복 고르기까지. 주말에는 남자친구와 코니아일랜드에 놀러간다. 맨해튼에 상류층을 위한 센트럴 파크가 있다면, 브루클린에는 대중의 취향에 맞는 최초의 놀이공원 시설이 들어선 코니아일랜드가 있다. 코니아일랜드 해변을 즐기는 그녀의 여유로운 일상은 더 이상 고향에서 온 편지를 읽으며 엉엉 울던 외부인의 모습은 아니다.

그러던 어느 날 언니의 갑작스러운 부고를 접하고 아일랜드에 잠시 다니러 간다. 고향은 예전 그대로지만 몇 년 만에 돌아온 그녀는 화려한 브루클린 패션으로 시선을 끌 정도로 변했다. 언니가 다니던 회사에서 회계 업무 정규직 제안을 받는가 하면, 부유한 집안의 엘리트 남자에게 프러포즈도 받는다. 그녀의 어머니는 키 크고 매너도 좋은 고향 남자와 이루어져서 고향에 정착하길 은근히 기대한다. 엘리트 남자를 선택할 것인가, 노동자 계급의 이민자에게 돌아갈 것인가. 안정된 아일랜드의 삶과 이제 막 적응하게 된 브루클린의 삶 사이에서 망설이는 동안 돌아갈 배편은 기약 없이 연기된다.

그녀는 예기치 않은 계기로 어떤 결정을 하기에 이른다. 지금부터는 스포일러다. 하지만 영화 제목이 아일랜드가 아니라 브루클린이고, 키 작은 남자와 포옹하는 장면이 담긴 포스터가 이미

스포일러이므로 내 잘못은 아니다. 그녀의 결정은 본인의 노력과는 무관하게 순탄한 삶을 저절로 부여받게 될 안정된 장소와 어려움을 극복하며 획득한 자신감으로 스스로 삶의 뿌리를 내리게 된 장소를 두고 고민한 결과다. 건축 이론가 노르베르크 슐츠 Norberg-Schulz는 장소란 "실존의 의미 있는 사건을 경험하는 초점"으로 사건과 행위는 장소의 맥락에서만 의미 있다고 강조한다. 사랑하는 사람과 그녀를 인정하는 좋은 사람들이 있고, 무엇보다 그녀 스스로 세상을 살아갈 수 있는 능력을 갖추었다. 그렇게 낯선 공간에 자신만의 경험과 기억이 쌓여 새로운 정서와 의미가 생기면서 장소가 된다. 브루클린은 사랑하는 사람과 함께 새로운 세계관을 바탕으로 꿈을 펼칠 수 있는 곳이 되었다.

앞으로 그녀가 살아갈 삶이 결코 녹녹치 않더라도 미지의 장소에 대한 가능성과 불확실성을 선택했다는 점에서 의미심장하다. 내 삶을 내가 설계할 수 있는가. 과연 내가 살아있음을 느낄 수 있는 장소인가. 그녀의 선택은 어느 곳에 나를 두었을 때 가장 '나'다운가에 대한 확신이다. 어느 날 문득 고향에 두고 온 안락한 삶과 어머니를 뿌리친 죄책감으로 예전의 그녀처럼 다시 울지도 모른다. 그러나 스스로 선택한 장소의 단단한 뿌리는 그녀를 이전과는 다른 사람으로 만들 것이 확실하다. 돌아갈 수도 있었던 다리를 다시 한 번 불태웠으므로.

# 장소매력

## 한여름의 판타지아

'한여름의 판타지아'는 나라국제영화제의 지원을 받은 한일 공동 제작 영화다. 영화제 측은 나라 현 고조五條 시에서 촬영할 것, 일본인 스태프와 배우를 기용할 것, 고조의 지역 축제인 불꽃놀이를 포함시킬 것을 조건으로 제작비를 지원했다. 조건은 창작자에게 제약이 될 수도, 기회가 될 수도 있다. 내가 감독이라면 한번도 들어보지 못한 낯선 도시에서 어떻게 영화를 만들 수 있을까? 주변에 고조에 대해 아는 사람도 없고, 검색을 해봐도 무엇하나 특별한 것이 눈에 띄지 않아 난감하다면, 무엇을 제일 먼저해야 할까.

우선 답사를 가야지. 안내해 줄 사람이 필요한데 시청 직원이제일 좋겠다. 시에 대한 기본 정보를 들을 수 있을 테니까. 우리가 흔히 하는 인문·사회 분석을 하는 거지. 만약 시청 직원이 타지 사람이라면 그 동네 사람을 소개받아서 그곳 사람들만 아는오래된 이야기부터 개인적인 이야기까지 듣는 거야. 이런 자료들을 모으다 보면 영화에 대한 실마리가 잡히겠지.

장건재 감독은 영화를 두 개의 챕터로 나누었다. 흑백 영화인 첫 번째 챕터에서는 감독이 겪었던 낯선 도시의 사전 답사 내용을 다큐멘터리 형식으로 담았다. 영화감독 태훈이 통역과 함께 고조에 답사 가서 시청 직원과 동네 토박이를 소개 받는다. 고조는 나라 현 남서부에 위치한 작은 도시로 400년의 역사를 품고 있는 곳이다. 소박한 고조 역 앞, 오래된 가옥, 좁은 골목, 여관, 동네 카페 등의 장소는 예전의 정취를 그대로 가지고 있다. 시청 직원은 젊은 사람들이 모두 떠나고 노인밖에 남지 않은 쇠락한 도시에 대해 설명한다. 가장 번화한 길에도 지나가는 사람이 거의 없다. 그는 한때 배우가 되고 싶었다는 이야기와 짝사랑 경험담을 들려준다. 40년간 한 곳에서 아침을 사 먹는 남자와 아름다운 카페 주인, 젊은 날 열심히 일하고 연금으로 살아간다는 부부의 인터뷰도 이어진다.

그곳 토박이인 겐지는 오래전에 일어났던 홍수와 제방 이야기를 들려주고, 자동차 한 대가 겨우 지나갈 만한 길 끝에 있는 산골 마을 시노하라로 안내한다. 한때 임업으로 전성기를 보낸 시노하라에는 산 위까지 빼곡하게 집이 들어서 있지만 모두 떠나고 지금은 대부분 텅 비어 있다. 한 할머니는 그곳에서 태어나고 늙어가는 삶이 평화롭다며 아이처럼 웃는다. 폐교된 지 25년 된 학교는 시간이 정지된 듯 예전 그대로의 모습으로 남아 있다. 복도에는 겐지가 다니던 시절의 사진이 아직 걸려 있다. 답사를 마치고 난 후 통역하던 여자는 감독에게 소감을 묻는다. 태훈은 고조에서 살아가는 '사람'과 '이야기'에 주목할 것이며, 특히 시청 직원의 개인적인 이야기가 제일 좋았다고 말한다.

두 번째 챕터에서는 답사를 토대로 한 독립된 이야기가 펼쳐진다. 컬러 영화로 바뀌면서 이제 본격적으로 새로운 이야기가 시작된다는 것을 알려준다. 첫 번째 챕터에서 감독이 제일 좋았다고 한 사람의 이야기가 펼쳐진다. 한국에서 혼자 여행 온 혜정은 고조 역 앞 안내소에서 고조의 특산품인 감을 재배하는 유스케를 우연히 만난다. 여행객이라고는 없는 고조에 낯선 외국 여자의 방문이 그 동네 총각에게 어떤 느낌일지 짐작할 수 있다. 첫눈에 호감을 갖게 된 유스케는 그녀에게 고조와 시노하라를 안내하며 짧은 여정에 동행한다. 사전에 인문·사회 분석을 마친 관객은 그들이 어느 길을 걷게 될지, 어떤 집에서 소바를 먹고 맥주를 마실지, 구불구불한 좁은 산길의 풍경은 어떨지, 폐교에서 어떤 사진을 보게 될지 이미 알고 있다. 답사 때 만났던 할머니가 끝내 세상을 떠났다는 소식을 전해 들으며 할머니네 집 텃마루에 두 사람이 나란히 앉아 있는 뒷모습은 오랜 여운을 남긴다. 첫 챕터에서 낯설었던 장소는 어느덧 익숙해지고, 서로 낯설었던 두 남녀의 감정이 어떻게 변해갈지를 미묘한 기대감으로 지켜보게 된다. 나라면 유스케가 주는 말린 감 봉지를 두 개 다 받을까? 아니면 혜정처럼 한 개만 받을까? 두 사람은 각자의 일상으로 돌아가기 전에 사랑을 확인하고 키스하게 될까? 그래서 같이 불꽃놀이를 보러 가게 될까? 헤어지는 날 밤, 혜정이 유스케의 손목에 볼펜으로 연락처를 적어주는 장면에서 왜 그리 가슴이 콩닥콩닥 뛰던지. 이게 뭐라고.

특별할 것이라곤 없어 보이는 장소와 그곳에서만 일어날 수 있는 사람들의 이야기로 관객의 마음이 따듯해질 수 있는 것은 장소와 사람에 대한 진정성 있는 탐색의 결과다. 감독이 처음 고조에서 느꼈을 오래된 풍경의 느낌이 고스란히 관객에게 전해진다. 고조에 대한 안내는 덤이다. 고조의 자연과 인문·사회 환경에 대해 책으로 공부한들 이렇게 생생하게 알 수 있을까. 영화제 측은 적은 투자로 고조라는 도시를 알리는 전략에 성공한 것으로 보인다. 과하게 더하지도 꾸미지도 않은 민낯의 도시 풍경과 사람들의 소소한 이야기가 빚어내는 마법이야말로 판타지가 아닌가. 게다가 한여름에.

며칠 전에 본 '매드맥스: 분노의 도로'의 퓨리오사 일행이 찾던 오아시스보다 오래된 골목길 벚꽃 우물의 잔향이 더 길게 남는다. 고조에 온 소감을 묻는 유스케에게 혜정은 이렇게 대답한다. "아무것도 없는 것이 좋았어요. 저에게는 그런 시간이 필요했거든요." 가장 인상적인 대사였다. 개인적으로 일 년 중 푹푹 찌는 한여름을 제일 좋아한다. 예전엔 여름의 열기와 들뜸이 좋았는데, 나이를 먹어가면서 여름의 쉼이나 여백, 그런 것이 좋아진다. 여름은 덜 치열하게 살아도, 마음을 바짝 조이지 않아도 용서되는 계절이다. 모두가 조금은 느슨하니 나도 슬쩍 묻어가도 되겠지. 점점 '아무것도 없음'의 기쁨을 아는 몸이 되어 간다. 일 년 중 한여름엔 그런 시간이 필요하다.

# 공원, 발명과 진화

## 카페 소사이어티

어릴 적만 해도 공원에 가는 일은 특별한 행사였다. 초등학교 때, 양장점에서 맞춘 옷을 입고 동생과 브라보콘을 들고 어린이대공원 분수 앞에서 찍은 사진이 남아있다. 중학교 교복을 입고 남산 팔각정 앞에서 찍은 사진과 덕수궁에서 찍은 가족사진도 있다. 공원이 일상과 가까워진 것은 결혼 후, 아이들을 키우면서부터다. 집 근처 보라매공원에서 첫 아이가 걸음마 연습을 했다. 아이들이 자전거나 롤러 블레이드를 처음 배운 곳도 공원이다. 아이가 밥 먹기 싫어하면 밥에 김을 묻혀 만든 간단한 주먹밥을 싸들고 공원에 가곤 했다. 뛰어노는 아이 입에 밥을 물려주며 시간을 보내다 빈 도시락을 들고 돌아오는 길이 뿌듯했다. 아이들은 청소년이 되자 나와 공원에 가는 대신 친구들과 어울려 테마파크나 극장에 갔다. 나는 동네 친구와 가끔 운동하러 공원에 들르지만 요즘은 미세 먼지 때문에 그마저도 시들해졌다.

가까운 들과 산으로 소풍 다니던 우리 경우와 달리 서구에서는 일찍이 공원이 기획되었다. 도시 공원은 19세기 영국에서 왕실 정원이 개방되며 처음 생겼지만, 공원하면 제일 먼저 떠오르는 대표 선수는 뉴욕의 센트럴 파크다. 한 번도 뉴욕에 가보지 않은 사람도 센트럴 파크의 이미지에 친숙하다. 마천루를 배경으로 키 큰 나무와 드넓은 잔디밭, 뛰노는 아이들과 조깅하는 세련된 뉴요커들. 이 전형적인 공원 풍경이 19세기부터 21세기까지 이어지고 있다. 놀라운 사실은 거대한 센트럴 파크 전체가 조작된 자연이라는 점. 원래 자연이 풍성했던 곳을 공원으로 만든 것이 아니라 황폐한 진흙땅에 동산을 만들고 나무를 심고 바위를 옮기고 연못을 만들었다. 어떻게 이런 일이 가능했을까.

산업화와 폭발적 인구 증가로 19세기 뉴욕의 거주 환경과 공공 위생은 매우 열악했다. 거리에선 수시로 방화와 폭동이 일어났고 범죄와 매춘이 만연했다. 뉴욕의 끔찍했던 당시 분위기는 마틴 스콜세지Martin Scorsese 감독의 영화 '갱스 오브 뉴욕Gangs of New York'을 보면 쉽게 알 수 있다. 아메리칸 드림을 꿈꾸며 뉴욕에 이주한 아일랜드 사람들과 그들보다 먼저 정착한 자들 사이에서 벌어지는 갈등을 그린 영화다. 오늘날 세계 문화의 중심이 된 뉴욕이 어떻게 폐허와 폭력을 딛고 탄생했는지 생생하게 그리고 있다. 당시 엘리트 계층은 이러한 도시 문제를 해결함과 동시에 건전한 가족 문화를 만들 수 있는 최적의 공간이 공원이라고 판단했다. 소위 사회 지도층은 폐쇄적이고 보수적인 태도를 지녔으며 유럽의 문화를 모방하는 일이 유행이었다. 같은 감독의 영화 '순수의 시대The Age of Innocence'는 개인의 욕망보다 계급의 명예를 중시하는 뉴욕 상류 계층의 위선적인 민낯을 드러내고 있다.

이러한 도시 문제와 사회 문화적 배경을 통해 기획된 공원은 근대의 산물이다. 초기에는 격식 갖춘 의상을 입고 고급 스포츠를 즐기던 곳, 그들만의 취향을 공유하는 공간이었다.

센트럴 파크의 조성 배경이 된 19세기의 뉴욕 풍경을 마틴 스콜세지가 영화를 통해 재현했다면, 우디 앨런Woody Allen은 1970년대부터 현재까지 뉴욕을 배경으로 한 영화에 빠짐없이 센트럴 파크를 등장시키면서 공원이 어떻게 작동해 왔는지 보여준다. 우디 앨런은 자기 반영적reflexive 영화를 만드는 것으로 평가받는다. 그와 영화 속 주인공을 구별하기 어렵다. 그의 영화에서 등장인물들은 걸어서 공원에 가고, 공원을 지나 학교나 박물관에 가고, 공원을 걸으며 고민을 상담하고, 공원에 앉아 빌딩 사이로 석양을 보며 사랑을 고백한다. 도시에서 나고 자란 이들에게 센트럴 파크의 명소들은 고향과도 같다. 접근성, 일상성, 장소성 따위로 굳이 설명하지 않아도 그 옛날 이 공원을 설계한 옴스테드가 꿈꾼 가치를 이해할 수 있다. '공원은 도시 문제를 치유하고 현실적 처방을 주는 곳'이라는 가치를 말이다.

영화 '카페 소사이어티Cafe Society'는 우디 앨런의 최근작으로 1930년대의 할리우드와 뉴욕을 배경으로 한다. 뉴욕에 사는 바비는 할리우드에서 영화사를 운영하는 삼촌을 찾아가 새로운 삶을 시작한다. 삼촌의 비서인 보니를 보고 첫눈에 반해 사랑에 빠지지만 삼촌과 삼각관계라는 사실을 알고 고향인 뉴욕으로 돌아간다. 바비는 유명 인사가 드나드는 클럽을 운영하며 성공하지만 옛 사랑을 잊지 못한다. 그러던 어느 날 삼촌과 보니가 뉴욕을 방문한다. 바비는 뉴욕의 명소로 그녀를 안내해 둘만의 시간을 갖는다. 재즈 바에서 밤새워 음악을 듣다가 센트럴 파크에서 마차를 타고 와인을 마시면서 공원의 대표 명소인 보우 브리지에서 새벽을 맞는다.

1977년 작 '애니 홀Annie Hall'에서 감독과 주연을 맡은 우디 앨런은 어디든 걸어서 갈 수 있는 뉴욕에 비해 캘리포니아는 너무 넓다고 투덜댔다. 바비도 날씨 좋은 것 외에 할리우드가 나은 점은 전혀 없다고 잘라 말한다. 이 영화가 우디 앨런 영화 중 최고는 아니지만, 수십 년간 그가 영화를 통해 반복적으로 예찬해 온 뉴욕 문화와 센트럴 파크의 낭만을 축약하고 있다는 점에서 시선을 고정할 만하다. 그의 영화를 보면 센트럴 파크가 도시 뉴욕과 어떻게 관계 맺고 변화해 왔는지, 왜 오랫동안 변하지 않고 사랑받는지 감지할 수 있다.

공원은 발명되었다. 그리고 당대의 도시 문화를 반영하며 진화해 왔다. 거대 담론에서 일상으로, 구별 짓는 곳에서 열린 공간으로. 누구나 행복하다고 느끼는 공원, 그곳에 가고 싶다.

# 첼시의 꿈, 정원의 이상

## 플라워 쇼

자연과 인간의 관계에 대해, 자연을 가장 가까운 곳에서 체험할 수 있는 정원 문화에 대해 질문을 던지는 영화다. 원생의 자연을 정원 예술로 승화시킨 메리 레이놀즈Mary Reynolds의 실화를 그린 영화 '플라워 쇼'는 자연의 위대함을 예찬하며 시작한다. 메리는 정원 '켈트족의 성소'로 2002년 첼시 플라워 쇼에서 금메달을 수상했다. 그녀의 나이 28세 때다. 영화를 계기로 들여다 본 첼시 플라워 쇼는 우리에게 몇 가지 시사점을 제시한다. 스타 가든 디자이너, 오랜 준비와 기획, 막대한 예산과 스폰서, 정원 문화에 대한 관심과 파급 효과 등이 그것이다.

메리는 오래된 산사나무와 야생화, 켈트족의 흔적으로 둘러싸인 아일랜드 초원에서 뛰어놀며 자랐다. 어릴 때부터 자연을 벗 삼아 자란 사람에게는 꽃과 나무를 책으로 배운 사람과는 다른 어떤 정서가 있다. 배꽃 향기가 하루 중 어느 때 제일 진한지, 산길 모퉁이 빨간 열매는 얼마나 시큼한지 직접 체험하지 않고는 알 수 없다. 어릴 때부터 요정의 들판이니 땅의 정령이니 하는 것을 상상하며 자란 메리가 야생화를 기반으로 지역 정체성을 반영한 정원을 디자인하는 것은 어쩌면 당연하다. 도시 변두리 골목에서 동네 아이들과 술래잡기와 땅 따먹기를 하면서 자란 조경하는 어떤 여자는 아직도 벌레 한 마리 등장에 기겁을 한다나.

감독은 자신의 집 정원 디자인을 메리에게 의뢰한 것이 계기가 되어 메리의 자서전을 토대로 영화를 만들었다. 정원 디자이너의 꿈을 키우던 메리는 부푼 꿈을 안고 더블린에 가서 취업하지만 좌절을 겪고 난 후 첼시 플라워 쇼에 도전하기로 마음먹는다. 첼시 플라워 쇼는 1827년에 치스윅 가든에서 처음 열린 치스윅 페트Chiswick Fete로 시작한 행사로 그 역사가 깊다. 영국에서는 크고 작은 꽃과 정원 관련 전시회가 연중 1천 회 이상 개최된다. 영국 왕립원예협회RHS는 네 개의 정원(Wisely, Rosemoor, Hyde Hall, Harlow Carr)을 소유하여 관리하고 있다. 이 정원들을 통해 교육과 연구를 지속하고 가드너를 배출한다. 협회가 개최하는 첼시 플라워 쇼는 메리와 같은 열정을 가진 디자이너라면 꿈꿀 만한 영국의 대표적인 플라워 쇼다.*

메리가 무명 디자이너로서 협회에 등록하고 정원을 만들 석공과 야생화와 스폰서까지 구하는 과정은 순탄치 않다. 그녀가 도움을 청한 환경 운동가는 막대한 돈을 들여 짧은 기간 동안 정원을 만들었다가 철거하는 플라워 쇼의 형식에 대해 비판적이다. 오히려 사막에 나무 한 그루라도 심는 것이 환경을 위해 더 필요한 일이라고 생각한다. 그러나 메리는 플라워 쇼를 통해 사람들의 생각을 바꾸는 일도 가치 있다고 믿고 그를 설득한다. 실제 첼시 플라워 쇼는 1주일 내외의 행사 기간을 위해 18개월의 준비 기간을 갖는다. 행사가 열리는 기간에도 그 다음 행사를 준비하는 셈이다. 대부분의 준비 기간에는 작가를 선정하고 기획하며, 행사장과 정원을 조성하는 기간은 단 3~4주에 불과하다. 특히 스폰서를 구하는 일은 단순히 열정만 가지고는 실현하기 힘든 현실적인 문제다. 실제로 스폰서를 구하지 못해 참가를 포기하는 사례도 있다. 메리도 25만 파운드의 비용을 마련하기 위해 고군분투하다 결국 방송을 통해 스폰서를 구하는 데 성공한다.

메리의 야생화 정원 '켈트족의 성소'는 심사위원과 방문객에게 깊은 인상을 준다. 메리가 금메달을 수상한 2002년 첼시 플라워 쇼에는 정원 애호가로 알려진 찰스 황태자도 참가해서 은메달을 수상했다. 그는 외할머니를 추모하는 힐링 가든을 계획하고 약용 식물을 위주로 한 자연적인 식재로 디자인했다. 영화에서도 본인의 정원으로 착각하고 메리의 정원에 들어오는 찰스 황태자(비슷하나 어딘가 다른)가 등장한다. 첼시 플라워 쇼는 1990년대에 현대 조각 정원 형식이 인기를 끌었다가 2000년대부터 메리와 찰스 황태자의 정원과 같이 자연스러운 콘셉트의 정원이 급부상했다. 자생종과 전통적 요소가 강조되며 토착 정원 양식에 관심을 가지기 시작한다. 2012년에는 황지해가 한국 문화를 반영한 '해우소' 정원으로 수상하면서 한국 대중에게도 첼시 플라워 쇼가 알려지게 되었다.

메리의 금메달 발표 장면은 텔레비전으로 중계되어 고향의 부모와 그녀를 응원하는 사람들이 세계 곳곳에서 환호한다. 플라워 쇼 메달 소식을 올림픽처럼 생중계 하다니 우리로선 생경한 장면이다. 실제로 영국의 여러 방송에서는 다양한 가드닝 프로그램을 편성하고 있으며 국영 방송인 BBC 채널은 플라워 쇼가 열리는 기간 동안 저녁 시간 내내 중계한다. 영국 정원을 답사할 때 동네마다 정원 관련 매장이 쉽게 눈에 띄는 점이 인상적이었다. 수목원이나 정원의 마지막 코스에도 숍이 있어서 정원 관리에 필요한 각종 용품이나 전문 서적을 살 수 있다. 가드닝이 일상과 매우 밀착되어 있다는 것을 알 수 있다.

자랑할 만한 취향은 나누고 공감할 때 문화로 진화한다. 전 국민의 80퍼센트가 정원을 소유한 영국과 수도권 인구의 약 80퍼센트가 아파트형 주거 형태를 가진 한국의 정원 문화는 그 토대가 다를 수밖에 없다. 한국에서 디자이너가 설계한 정원을 가질 수 있는 계층은 일부에 국한된다. 사적 영역으로 인식되는 정원은 대중적으로 알려지기 힘들다. 다행히 사적으로 못다 푼 정원의 열망이 도시와 결합하는 방식으로 표출되고 있다. '정원 도시', '서울, 꽃으로 피다' 등의 슬로건을 입고 정원 문화는 공공 공간으로 확장되고 있다. 가로, 골목, 공원, 학교 등의 공간을 정원으로 인식하고 일상과 만나고 있다. 서울과 경기도 등에서 정원 박람회도 매년 열리고 있다. 190년 역사의 첼시 플라워 쇼에 비하면 신생아 수준이지만 씩씩한 성장기 어린이로 자라려면 문화적 토대를 이해하고 자랑하고 나누고 공감하는 것이 필요하다.

---

* '영국의 플라워 쇼'에 관해서는 다음 책을 참고하면 좋다.
  윤상준 지음, 『영국의 플라워 쇼와 정원 문화』, 나무도시, 2008.

# 진정성의 가치

## 원스

노래 잘하는 사람이 이렇게 많은 줄 몰랐다. 넘쳐나는 오디션 프로그램을 보면서 더 이상의 실력자는 없겠구나 싶었는데 어디서 그렇게 또 나타나곤 하는지. 열풍이 불던 초반에 비해 일일이 챙겨보지는 못하지만, 화제가 되는 동영상만으로도 충분히 감동이 전해진다. 단 몇 분 만에 사람의 마음을 움직이고 눈물까지 흘리게 만드는 힘은 대체 무엇일까.

최근 개봉해 가을에 어울리는 감성을 전하고 있는 '비긴 어게인Begin Again'에서 주인공은 음악을 통해 '진정성'을 표현한다고 말한다. '진정眞情'의 사전적 의미는 '거짓 없이 참'이며, 유네스코에서 정의하는 '진정성Authenticity'은 '본질 및 기원을 증명할 수 있는 정품, 또는 본래 가진 원형'이다. 'Authenticity'는 옥스퍼드 영어사전에서 '진짜임'이라고 설명된다. '비긴 어게인'을 보고 나니 감독의 전작인 '원스Once'가 떠올랐다. '원스'의 두 주인공(글렌 핸사드, 마케타 잉글로바)은 '비긴 어게인'의 주인공(키이라 나이틀리, 마크 러팔로)처럼 유명 배우도 아니며, 배경 역시 근사한 뉴욕이 아닌 아일랜드의 더블린이다.

영화는 쇼핑몰로 보이는 거리에서 남자가 기타 케이스를 앞에 두고 노래하는 장면으로 시작한다. 대부분의 사람은 무심하게 그의 옆을 지나고, 마약에 취한 부랑아가 근처를 서성이다 동전 몇 푼이 전부인 기타 가방을 들고 도망친다. 노래 부르던 그는 필사적으로 부랑아를 쫓아가 근처 공원에서 기어이 붙잡는다. 숨이 턱까지 차오른 남자는 다시 원래의 자리로 돌아와 절규하듯 노래를 부른다. 일정 거리를 두고 손에 든 카메라로 촬영한 듯 조금씩 흔들리는 이 장면은 마치 관객이 남자 앞에 서서 실제로 노래를 듣고 있는 것 같다. 그의 노래가 끝나자 한 여자가 박수와 함께 10센트를 기타 케이스에 넣는다. 시큰둥해 하는 남자에게 여자는 음악에 관해 묻는다. 남자와 여자는 그렇게 처음 만난다. '가짜' 이야기지만 '진짜'로 느껴지는 인상적인 첫 시퀀스다.

피아노를 살 형편이 되지 않는 여자가 악기점에서 처음으로 남자와 함께 연주하며 노래를 부른다. 여전히 카메라는 다큐멘터리 같은 느낌으로 흔들리고, 그들의 옆에는 여자가 수리해달라고 끌고 온 진공청소기가 놓여있다. 악기점 주인은 신문을 읽다 옅은 미소를 지을 뿐 과장된 호들갑 따위 없다. 개인적으로 가장 좋아하는 장면은 여자가 밤에 건전지를 사러 다녀오는 장면이다. 남자가 빌려준 시디플레이어로 곡을 들으며 노랫말을 만들던 여자는 어린 딸의 저금통에 들어있던 동전을 챙겨 들고, 잠옷 위에 가운을 걸치고 슬리퍼를 신은 채 가게로 향한다. 건전지를 끼워 넣고 노랫말을 붙이며 걸어오는 길을 카메라가 따라 걷는다. 인위적인 조명 없이 촬영한 듯 가게 불빛이나 가로등에 의지한 여자의 모습은 컴컴한 곳을 지날 때는 아예 보이지 않기도 한다. 몇 블록의 코너를 돌며 여자가 부르는 노래를 듣고서야 비로소 관객은 여자의 속마음을 알게 된다. 더블린의 어느 허름한 주택가를 함께 걸으며 '거짓이 아닌 참' 사연을 듣게 되는 감동적인 장면이다.

더블린은 20세기 후반까지 경제적 불황과 실업으로 정체된 도시였다. 창조도시 이론으로 유명한 리처드 플로리다Richard Florida는 과거의 시설 중심 투자보다는 사람, 즉 창조 계급이 활동할 수 있는 여건을 만들어야 도시로 사람들을 끌어들이고 수익도 창출할 수 있다고 말한다. 그는 더블린을 창조적 혁신을 통해 도시재생에 성공한 사례로 꼽는다. 성공 요인 중 하나로 템플바Temple Bar 지구 같은 오래된 지역을 문화 지구로 바꾸는 데 투자함으로써 거리의 활기를 되찾은 점을 들었다. 템플바 지구는 술집, 식당, 카페, 주거지가 밀집한 곳으로 오래된 것을 지키면서 새로운 것을 도입해 성공적인 결합을 이루었다고 평가된다. 문화 지구의 활성화는 U2 같은 아일랜드 출신의 음악 밴드, 기네스 맥주뿐 아니라 인도 요리까지 유명하게 만들었다. 더블린은 여주인공과 그녀의 이웃들과 같은 이민자를 적극적으로 수용해 창조적인 계층을 이루고 포용하는 도시다.

문화의 독창성과 다양성은 토대가 되는 물리적인 환경뿐만 아니라 장소를 향유하고 경험하는 사람들에 의해 그 색이 입혀진다. 그렇게 만들어진 색이야말로 장소가 가진 '진짜' 가치다. 영화에서 쇼핑몰은 거리 공연이 이루어지는 문화적 장소이며 동시에 남녀 주인공이 푼돈을 벌어 생활하는 생존의 터전이다. 여자가 사는 동네는 그녀가 도우미 일을 하는 부자 동네는 아니지만, 이민자들끼리 의지하며 살아가는 사람 냄새 나는 동네다. 외로움을 노래하며 걷는 도시의 길은 여자가 겪는 긴 터널 같은 고단한 삶의 여정이다. 남자와 여자가 작은 공간에서 밤새워 음악 작업을 한 후 새벽에 도착한 바다는 고단한 삶과 일상에서 벗어나 오로지 '음악'으로 소통하는 해방 공간이다. 영화는 '진정성'이란 단어를 설명하기 위해 어떤 수식을 더하기보다는 그냥 '진짜' 마음, '처음부터 가지고 있던 신념이나 가치'를 보여주기 위해 최소한의 장치만으로 전달한다. 장소를 만드는 직업상 '장소 진정성'이라는 강박에 사로잡혀 본래 모습을 보지 못한 채 치장하는 형용사만 남발하지 않았는지 돌아보게 한다.

'비긴 어게인'은 감독이 더블린에서 관객 몫으로 남겨둔 여운을 뉴욕으로 장소를 옮겨 일일이 주석을 달아 친절하게 설명하는 완결형 영화다. '비긴 어게인'의 주인공들이 노래하는 센트럴 파크, 지하철, 옥상, 골목길은 그들의 진심이 전해지는 장소라기보다는 관광객을 위한 예쁜 그림엽서 같다. 좀 더 삐딱하게 보자면 광화문 뒷골목에서 함께 소주를 걸치던 친한 친구가 오랜만에 만났더니 진짜 술맛은 비행기 일등석에서 마시는 샴페인이라고 말하는 것 같다. 인위적인 느낌이 들긴 하지만 뉴욕에서 보내온 그림엽서는 거부할 수 없는 매력이 있긴 하다. 이 가을 마룬파이브 리드 싱어 애덤 리바인의 섹시한 음색과 판타지에 풍덩 빠지고 싶다면 '비긴 어게인'을, 진짜가 주는 날것의 감동을 느끼고 싶다면 오래전에 보았던 '원스'를 한 번 더 보길 권한다.

# 정원, 인간의 조건에 대하여

## 마담 프루스트의 비밀정원

이제는 빛바랜 추억이 된 어린 시절, 어머니는 공들여 정원을 가꾸셨고 아버지와 동생은 집안을 휘젓고 다니던 강아지에게 애정을 듬뿍 쏟았다. 하지만 나는 어머니의 정원에 제대로 눈길 한번 주지 않았고, 강아지를 안아준 기억도 없다. 아파트로 이사한 후, 어머니는 베란다에서 못다 한 정원의 꿈을 펼치셨지만 나는 여전히 물 줄 생각도 않는 무심한 딸이었다. 조경학과를 꽃을 가꾸는 과로 아시던 어머니는 대학 때 꽃꽂이를 배우게 하셨다. 지나친 자녀 걱정이 취미였던 그녀는 정원에 관심 없던 딸이 학업에 뒤처질까 봐 일종의 과외 공부를 시켰던 것이다. 하지만 화병에 꽃을 보기 좋게 담아내는 것과 생명이 있는 식물이 잘 자라도록 돌보는 것은 완전히 다른 일이었다. 그 후로도 나는 오랫동안 화분 하나 제대로 건사하지 못해서 "저런 애가 어떻게 조경한다고 하는지 모르겠네"라는 어머니의 염려를 달고 사는 딸이었다.

"기억은 일종의 약국이나 실험실과 유사하다. 아무렇게나 내

민 손에 어떤 때는 진정제가 때론 독약이 잡히기도 한다"라는 마르셀 프루스트Marcel Proust의 글을 인용하면서 영화가 시작된다. 영화는 프루스트의 소설『잃어버린 시간을 찾아서』에서 주요 모티브를 가져와 한 남자가 기억을 소환함으로써 상처를 치유하는 과정을 그리고 있다. 두 살 때 부모를 한꺼번에 잃은 폴은 그 충격으로 말을 하지 못하고 기계적으로 피아노를 치며 두 이모와 살아간다. 우연히 같은 아파트 4층 언저리(4층 약간 안 되는 계단 중간에 출입문이 있음)에 사는 프루스트 부인을 알게 되고, 그녀가 주는 차를 마시면서 과거의 기억을 하나씩 찾아가게 된다. 삶이 매번 아름답지 않은 것처럼 기억은 독약이 되기도 하고 진정제가 되기도 한다.

영화의 원제는 'Attila Marcel'로 폴의 아버지 이름이다. 해외 포스터는 아버지의 이름이 크게 적힌 광고를 쳐다보는 장면을 담고 있다. 기억의 퍼즐이 맞춰지면서 무의식적으로 지배하던 아버지에 대한 오해를 풀게 되고, 첫 장면에서 아버지가 하던 대사를 마지막 장면에서 폴이 반복하며 영화가 끝난다. 아버지를 이해한다는 것은 자신의 내면을 들여다보고 인정하는 것이다. 영화는 무의식과 현실을 넘나드는 다소 철학적인 메시지를 환상적인 색감과 아름다운 피아노 연주와 문학적인 대사와 함께 한편의 동화처럼 따뜻하게 그린다.

영화 속 프루스트 부인과 비밀정원은 기억을 찾도록 도와주는 조력자와 단순한 배경 그 이상의 메시지를 전한다. 영화에서 가장 인상적인 장면은 폴이 비밀의 정원에 처음 들어설 때다. 아파트 내부라고는 믿기지 않을 만큼 갖가지 식물이 싱싱하게 자라고 있다. 벽과 천장에는 외부로부터 빛을 모으기 위한 반사경과 거울들이 빼곡히 걸려있다. 아파트 바닥 일부를 뜯어내서 흙을 채우고, 벽장, 책꽂이, 서랍까지 여기저기에 식물이 심겨져 있다. 자세히 들여다보면 먹을 수 있는 채소류와 열매로 이루어진 채원kitchen garden이다. 물을 머금은 상추류, 방울토마토, 파프리카가 꽃보다 더 아름답다. 대파가 마룻바닥에 그토록 씩씩하게 심어져 있는 모습이라니.

정원의 어원에는 '울타리를 친 개방된 장소open enclosure'란 의미가 있다. 정원을 만든다는 것은 주변에 경계를 그어 자신만의 영역을 만드는 것이다. 정원사가 되고 싶었던 프루스트 부인은 인공 구조물을 빛과 흙과 물 뿐 아니라 그녀의 돌봄을 더해 생명의 정원으로 바꾸었다. 정원의 기본 개념인 적극적인 '경계'와 '개입'을 실천하고 있는 셈이다. 창밖에 비가 오고 있을 때 부인이 물뿌리개로 물을 주는 장면은 인공과 자연을 동일시하는 적극적인 돌봄 행위로 보인다. 프루스트 부인은 직접 가꾼 채소와 신비한 약초로 만든 차로 폴이 기억을 찾도록 도와준다.

정원의 의미는 그들이 매일 산책하는 공원으로 확장된다. 공원에는 오래된 나무와 아름다운 꽃, 뛰노는 아이들, 우연한 만남, 우쿨렐레 연주가 있다. 그녀는 공원의 오래된 나무가 병들어 관리자들이 베어내려 하자 나무를 지키기 위해 노력하지만 끝내 나무와 운명을 함께 한다. 공원에서 일어나는 사건은 두 사람에게 큰 영향을 미친다. 정원은 생명의 순환을 돌보고 염려하며 인간의 조건인 죽음을 긍정하고 시간성을 경험하는 장소다. 한나 아렌트Hannah Arendt의 표현을 빌리자면 탄생성과 사멸성의 조건을 깨닫는 곳이 바로 정원이다. 자연과 함께 공존하는 삶의 통찰을 온 몸으로 보여준 프루스트 부인의 모습은 '정원'이라는 키워드를 이해하는 데 친절한 길잡이가 되어준다.*

무미건조한 일상을 보내던 폴은 프루스트 부인과의 교감으로 본인의 감정을 표출할 줄 알게 되고, 비로소 타인의 삶을 이해하게 된다. 현실과 환상이 섞인 멋진 피아노 연주를 성공적으로 마친 후 비로소 본인이 좋아하는 일을 찾는다. 그의 트라우마인 그랜드 피아노를 꽃밭으로 바꾸고 그를 억압했던 이모들 옆에서 자신만의 정원에 물을 준다. 돌봄을 받던 대상에서 돌봄을 실천하는 주체로 변화한 것이다. 이제부터 자신의 의지로 삶을 경작하겠다는 선언이며, 인간답게 사는 방법을 깨달은 자의 저항이다.

나는 마르셀 프루스트의 소설 『잃어버린 시간을 찾아서』의 주인공처럼 '들판에서 우연히 본 수레국화나 산사나무가 내 과거 지평과 같은 깊이에 놓여 있어 즉각적으로 내 마음과 교감'하지 못했고, 내 어머니가 정원을 자식처럼 돌보면서 어떤 걱정과 기대를 담았는지 오랫동안 알지 못했다. 이제 그녀는 더 이상 정원을 가꿀 수 없게 되었을 뿐 아니라 자신조차 누군가의 돌봄을 받아야 하는 나이가 되었다. 수많은 전공 중 조경을 공부하고 직업으로 삼았기에, 내 어머니가 눈부셨던 나이에 정원을 가꾸며 느꼈을 삶의 깊이를 존중하고 헤아릴 줄 아는 딸이 이제야 되고 있다.

---

* 정원의 돌봄에 대한 개념은 다음 책을 참고하면 도움이 된다.
   로버트 포그 해리슨 지음, 조경진·황주영·김정은 옮김, 『정원을 말하다』, 나무도시, 2012.

# 경관

경관이란 문화 시스템을 이루는 중요 요소 중 하나로
전달, 재생산, 경험되는 의미 있는 텍스트다.
경관을 해석한다는 것은
장소의 상징적 의미를 재구성한다는 것이다.

— 제임스 던컨(James Duncan)

**"**

*오래됨을 낡고 뒤처진 것으로 간주하고*
*빠르게 지우며 새로 써 오는 동안*
*정작 우리가 잃어버린 것은 무엇일까.*

**"**

죽여주는 여자 중에서

# 심상의 풍경

## 동주

몸살로 몸과 마음이 무겁기만 한 토요일이었다. 한 주를 간신히 버텨낸 몸, 주말이 되자 작정한 듯 식은땀이 나며 제대로 쉬라는 신호를 보내왔다. 몸이 아프면 마음이 따라 병든다. 작은 일에 서운해지고 화나고 상처받는다. 금방이라도 비가 쏟아질 듯 하늘까지 무겁게 내려앉았다. 무언가에 홀린 듯 청운동 '윤동주 문학관'을 찾았다.

가압장을 개조해 만든 작은 전시관에는 시인의 고향 집 나무 우물을 가운데 두고 백석의 시를 정성껏 옮겨 적은 원고지와 잉크로 눌러쓴 그의 시들이 유리 상자 안에 놓여 있었다. 영화 '동주'의 영향인지 이른 시간임에도 방문객이 적잖았다. 물탱크 천장을 열어서 만든 중정 '열린 우물'에 서서 물탱크를 그대로 보존한 전시관 '닫힌 우물'에서 상영 중인 영상이 끝나기를 기다렸다. 어느새 빗방울이 하나둘씩 떨어지기 시작했다. 물이 담겼던 누런 흔적이 남아 있는 벽으로 둘러싸인 중정에서 올려다보니 잔뜩 찌푸린 네모난 하늘이 보였다. 두꺼운 철문이 열리고 빨강, 파랑, 원색의 등산복을 입은 중년의 사내들이 줄지어 걸어 나왔다. 비슷한 크기의 배낭에는 하나같이 등산 스틱이 꽂혀 있었다. 시인은 상상이나 했겠는가. 타국의 교도소에서 숨지고 수십 년 후, 그가 잠시 머물렀던 경성의 어디쯤에서 등산복을 입은 해맑은 사내들과 호기심 어린 연인들과 몸살에 식은땀을 흘리는 조경하는 여자가 그를 만나러 온 풍경을. 그가 내려다봤을 시내 전경까지 감상하고 돌아오는 길, 하늘에 구멍이라도 난 듯 어마어마한 소나기가 내렸다.

영화 '동주'는 한국인이 가장 좋아하는 시인 윤동주의 삶에 대해 한 번도 제대로 된 조명이 없었다는 점에 의문을 품은 이준익 감독에 의해 만들어졌다. '시대정신이 투영된 아름다운 시를 남긴 시인, 주목할 만한 독립운동 기록은 없으며 29세 나이에 타국의 교도소에서 독립되기 몇 개월 전에 숨지다.' 이 드라마틱한 윤동주의 삶을 그리는 전기 영화라면 자칫 감상에 빠지거나 평이해질 수 있다. 감독은 두 가지 방식을 선택함으로써 인간 윤동주가 체험한 혼란의 시대와 그의 주옥같은 시를 '현재'라는 시공간에 입체적으로 소환해냈다.

첫째는 윤동주의 삶의 궤적을 같은 집에서 나고 자란 후 같은 교도소에서 며칠 사이로 숨진 이종사촌 송몽규와 나란히 그린 점이다. 하나의 대상은 다른 대상과의 차이를 통해 보다 선명하게 규명할 수 있다. 몽규는 동주에 비해 활동적이고 적극적으로 그려진다. 동주보다 먼저 신춘문예에 당선되고 문예지를 만들자고 제안하며 어린 나이에 독립운동을 하러 중국으로 떠나기도 한다. 그런 몽규를 지켜보며 동주는 묵묵히 앉은뱅이 책상에 앉아 펜에 잉크를 묻혀 시를 쓴다. 아버지는 아무 쓸모없는 시 따위를 쓴다고 꾸짖으며 의대에 진학하라고 권한다. 이름과 글을 빼앗긴 상황에서 나라를 구하지도 못하는 시를 쓰는 심정이 어땠을까. 영화는 행동파 몽규와 시 쓰는 동주를 나란히 그리면서 그의 무력감과 절망을 표현한다. 무엇이 그를 그토록 부끄럽게 만들었기에 죽는 날까지 한 점 부끄럼 없기를 바랐는지 조금씩 이해하게 된다.

둘째는 시로 시인의 삶을 재구성한 점이다. 실제 시가 쓰인 시점이나 시집 『하늘과 바람과 별과 시』 제작 과정을 보다 극적으로 각색했다. 상황에 맞는 심상을 시로 설명한다. 풍경이란 객관적인 존재가 아니라 주관적인 표상이다. '풍경을 보는 마음은 개성이나 감수성 등 개인의 주관적인 상상력의 근원이기도 하며 개인이 속해 있는 집단의 영향을 받기도 한다(강영조 지음, 『풍경의 발견』, 효형출판, 2005).' 우리는 그가 들려주는 시를 통해 시인이 통과한 어두운 시대의 공기와 풍경을 체감할 수 있다. 영화가 끝나면 시집 한 권을 친절한 설명서와 함께 읽은 느낌이 든다. 몇가지 예를 들면 다음과 같은 장면들이다.

동주가 전차를 타는 장면에서 나오는 내레이션이다.

*봄이 오던 아침, 서울 어느 쪼그만 정거장에서*
*희망과 사랑처럼 기차를 기다려.*
*......*
*오늘도 나는 누구를 기다려 정거장 가까운 언덕에서*

*서성거릴 게다.*
*아아 젊음은 오래 거기 남아 있거라.*

('사랑스런 추억' 중에서)

일본 교도소에 갇혀 알 수 없는 주사를 맞는 장면에서는 다음과 같은 시를 들려준다.

*나도 모를 아픔을 오래 참다 처음으로 이곳에 찾아왔다. 그러나 나의 늙은 의사는 젊은이의 병을 모른다. 나한테는 병이 없다고 한다. 이 지나친 시련, 이 지나친 피로, 나는 성내서는 안 된다.*

('병원' 중에서)

흑백영화 속, 동주가 느끼는 희망과 그리움과 끝모를 절망이 시를 통해 전해진다. 영화의 마지막 부분에 동주와 몽규 두 사람은 각각 일본 형사 앞에 앉아 거짓 진술서에 서명을 강요받는다. 둘 중 한 명만 서명한다. 그 이유를 설명하는 몽규의 절규와 동주의 참회 장면에서는 눈물을 참기 힘들다. 영화를 볼 독자를 위해 폭풍 같은 감동의 대사를 아낀다. 동주는 어려운 시대에 시 쓰는 일밖에 할 수 없음을 이렇게 부끄러워한다.

*인생은 살기 어렵다는데*
*시가 이렇게 쉽게 쓰여지는 것은*
*부끄러운 일이다.*
*육첩방은 남의 나라*

창 밖에 밤비가 속살거리는데
등불을 밝혀 어둠을 조금 내몰고
시대처럼 올 아침을 기다리는 최후의 나
나는 나에게 작은 손을 내밀어
눈물과 위안으로 잡은 최초의 악수

('쉽게 씌어진 시' 중에서)


파란 녹이 낀 구리 거울 속에
내 얼굴이 남아 있는 것은
어느 왕조의 유물이기에
이다지도 욕될까.

('참회록' 중에서)


돌담을 더듬어 눈물짓다
쳐다보면 하늘은 부끄럽게 푸릅니다.
풀 한 포기 없는 이 길을 걷는 것은
담 저쪽에 내가 남아 있는 까닭이고,
내가 사는 것은, 다만,
잃은 것을 찾는 까닭입니다.

('길' 중에서)


그는 시적 감정을 자연 요소에 즐겨 투영하고 있다. '별이 바람에 스치운다'('서시'), '단풍잎 같은 슬픈 가을'('소년'), '우물 속에는 달이 밝고 구름이 흐르고 하늘이 펼치고 파아란 바람이 불고'('자화상'), '계절이 지나가는 하늘에는 가을로 가득 차 있습니다'('별 헤는 밤'), 심지어 '전신주가 잉잉 울어'('또 태초의 아침') 댄단다. 서늘하게 아름다운 표현이다.

어둠의 시대를 살다 쓸쓸히 숨진 시인이 바라본 풍경이 시와 영화에 생생하게 살아나서 오늘의 나를 돌아보게 한다. 지나치게 피로해도 조금 덜 성내며 살아야겠다. 영화 '동주'의 숨 막히는 마지막 장면이 주는 감동을 주저하지 말고 느껴보길 권한다. 그의 표현대로 '눈이 녹아 남은 발자국 자리마다 꽃이 피는' 봄이다. 어쩌면 당신도 어느 날 문득 등산객과 어린 연인과 조경하는 여자 사이에서 발견될지 모른다.

# 근대의 경관

## 암살

"경성, 꼭 한 번 가보고 싶었는데, 잘 됐네요." 대중적 성공을 거둔 영화 '암살'에서 우리의 아름다운 주인공 안옥윤(전지현 분)은 경성 암살 작전을 듣고 이렇게 말한다. 이 대사에서 경성은 커피라는 것을 마실 수 있는 곳, 즉 근대화된 도시를 의미한다. 그녀는 아기 때 유모의 품에 안긴 채 만주에 온 후 간도 학살을 목격하고 독립군의 명사수가 되었다. 그녀가 처음 접하게 될 경성의 낯선 근대 풍경은 영화에서 어떤 모습일까.

1930년대의 경성은 일본이 식민지 조선을 통치하기 위해 정치, 경제, 종교, 군사, 교육의 중추 기능을 집중시킨 도시다. 1940년 조선총독부의 외주로 만든 영화 '경성'은 경성의 하루를 담은 다큐멘터리로, 당시의 실제 풍경을 볼 수 있다. 새벽에 기차가 경성역에 도착하는 장면으로 시작하는 이 다큐멘터리에는 활기찬 일상과 화려한 본정의 밤거리가 담겨 있지만, 지배자의 시선으로 대상화한 경성 풍경이 주를 이룬다. 최근 일제강점기를 배경으로 한 영화가 몇 편 발표되었지만 당시의 풍경을 엿보기에는 부족한 점이 많았다. 영화 '암살'은 1910년대의 손탁 호텔부터 영화 속 주요 배경인 1933년의 경성역, 미쓰코시 백화점과 선은전 광장, 명치정과 아네모네 카페, 서소문 거리와 주유소를 비교적 자세히 재현하고 있다. 남산에서 벌어지는 자동차 추격신 사이로는 만리재와 경성역의 원경까지 볼 수 있다. 선전용 영화가 아니면 엽서나 사진 같이 박제된 이미지로만 접했던 근대 태동기의 풍경이 영화 속에 담겨 있다.

안옥윤은 두 명의 동지와 함께 신의주에서 기차를 타고 경성역에 도착한다. 꿈에 그리던 조국에 첫발을 내딛은 그녀는 플랫폼에 도열해 있는 일본군과 일장기로 도배된 높은 천장의 위압적 분위기에 압도당한다. 곧 여섯시를 알리는 사이렌 소리가 들리고 모자를 벗어 일장기에 예를 갖추는 강압이 이어진다. 경성역은 남대문 정류장 터에 3년여의 공사 끝에 1925년 완공되었다. 남산 조선신궁 진좌제가 1925년 10월에 거행되었는데, 당시 신축 중이던 경성역과 경성운동장도 이 행사에 맞추어 완공 날짜를 조정했다. 경성부청, 경성재판소, 경성제국대학이 다음 해에 완공되면서 식민지 행정 수도 경성의 주요 건물이 이 시기에 조성된다. 조선신궁에 보관될 신체神體는 일본에서 출발해 부산을 거쳐 경성역에 도착하는 첫 기차를 통해 이송되었다. 역사학자 김대호는 '근대화의 상징인 기차를 통해 일본의 문명이 조선에 이식되는' 과정의 상징이라고 해석했다. 타의에 의해 강압적으로 이루어진 조선의 근대는 전통과 새것의 충돌이 빚는 충격 그 이상이었으리라. 안옥윤이 경성에 도착한 그날처럼.

"경성은 데카당스하다면서요." 시대적 배경과는 동떨어진 퇴폐적이고 향락적 분위기의 카페를 보고 암살 팀원 중 한 명이 이렇게 묻는다. 1920년대 이후 도시의 유행을 주도한 소비 문화의 대표적 장치는 백화점과 카페와 극장이었다. 서구의 소비 문화는 일본식으로 변용되어 조선에 이식되었다. 카페는 메이지 시대의 첨단 유행과 문화를 선도한 예술가와 작가 중심의 문화적 산실이었다가 점차 일본화된 퇴폐적 유흥 주점으로 바뀌었다. 백화점은 특권층 부호의 고급스러운 도시 취미 장소였으나 점점 일반 대중으로 고객의 범위가 확대되면서 상품을 대량 전시하고 소비하는 장소가 되었다. 이후 유원지나 행사장을 흡수한 복합 위락 공간으로 변모했다. 1929년 『별건곤』의 '대경성광무곡'과 1937년 『조광』에 실린 '백화점 풍경'이라는 소설을 통해 당시의 백화점이 대형 소비 문화 공간이었을 뿐만 아니라 가족 단위의 여가 공간이었음을 확인할 수 있다.

남대문로와 진고개의 교차점인 선은전 광장은 경성부청, 조선은행, 경성우편국으로 둘러싸인 행정과 문화의 중심지였다(선은전 광장은 지금의 한국은행 앞 광장으로, 사회학자 김백영은 서울광장과 함께 일제 강점기에 생성된 대표적인 광장 공간으로 평가하고 있다). 경성부청이 지금의 서울시청사 부지로 옮기고 난 후 1929년에 미쓰코시 백화점이 들어서면서부터 본격적인 금융과 상업 중심지로 자리매김하게 된다. 미쓰코시 백화점은 다른 백화점과는 달리 일본인과 조선인의 최상위 계층을 대상으로 최고급 브랜드 이미지를 추구하는 곳이었다. 영화에 등장하는 미쓰코시 백화점은 이러한 특성을 잘 보여준다. 안옥윤은 안경을 사러 백화점에 들어서는 순간 빨간 카펫과 대리석으로 둘러싸인 곳에 기모노와 한복을 입은 사람들이 섞여 있는 내부 풍경에 놀란다. 2층에서 벌어지는 최고위층의 결혼식 장면은 당시 백화점이 어떻게 활용되었는지 짐작하게 한다. 아네모네 사장이 카페에서 자결하는 비극적 장면 다음으로 백화점과 전차와 사람들로 붐비는 선은전 광장의 스펙터클이 대조적으로 이어진다. 피지배자가 체험하는 민족과 근대, 전통과 낯섦, 현실과 이상이 충돌하는 지점이다. 미쓰코시 백화점은 이상의 소설에도 등장한다. 1936년『조광』에 발표된 '날개' 마지막 부분에서 주인공은 미쓰코시 백화점 옥상에 올라 비상을 꿈꾼다. 우리가 주로 소설이나 글로 접해 왔던 조선인의 시각에서 느끼는 근대의 풍경을 이 영화에서 확인해 볼 수 있다. 영화 '암살'은 흥미로운 서사, 매력적인 캐릭터와 함께 식민 권력의 상징적 공간과 근대의 풍경을 탁월하게 담고 있다.*

　다만 해방 후 염석진(이정재 분)을 처단하고 정의가 실현되는 대목에서는 빵빵하게 부풀려진 풍선의 바람이 살짝 빠지는 느낌이 들었다. 그가 해방될 줄 몰라서 그랬다고 당당히 외치고 나서 문을 열고 나와 대로로 위풍당당하게 걸어가면서 영화가 끝났더라면 어땠을까. 아직도 친일파의 후예들이 버젓이 잘 살고 있는 현실과는 너무 다른 영화 속 판타지를 이렇게 편히 즐겨도 되는 걸까. 마감 기한을 넘긴 채 원고를 쓰고 있는 오늘은 광복된 지 70년 된, 2015년 8월 15일이다.

---

* 선은전 광장에 대한 필자의 최근 연구는 다음과 같다.
　서영애·심지수, '일제강점기 광장의 생성과 특성', 『한국조경학회지』 45(4), 2017.

# 어디에도 없는,
# 어디에나 있는

## 너의 이름은

"언제 사라질지 모르는 도시의 풍경을 사람들이 따뜻하게 기억할 수 있도록 만들어 보고 싶습니다." 영화의 후반부, 세월이 흘러 어른이 된 타키가 입사 면접 때 두서없이 더듬거리던 내용을 정리하면 아마 이런 내용일 게다. '사라지다', '풍경', '기억', 영화의 주제를 요약하는 대사다. 문득 오래전 일이 떠올랐다. 고등학교 때였다. 자습 시간에 국어 선생님이 칠판에 크게 '조경'이라는 한자를 쓰셨다. 만들 조造, 경치 경景, 유망한 분야라고 소개한 이 두 글자가 한 사람의 인생을 바꾸게 될지 그 분은 몰랐겠지. 그 순간, 수학과 미술을 좋아하던 한 여학생은 주저 없이 '풍경 만드는 일'을 평생 하리라 마음먹었다.

풍경을 만드는 근사한 일은 생각만큼 쉽지 않았다. 손으로 그리던 일을 기계가 대신해주게 되었지만 시간은 늘 부족하다. 얼버무리듯 하나씩 마무리해 갈 뿐이다. 다음엔 잘해야지 다짐하지만 똑같은 상황에서 똑같은 풍경을 만드는 일 따윈 수십 년간

단 한 번도 일어나지 않았다. 매번 다른 사람과 만나고, 다른 조건으로 새로 시작해야 한다. 매일 공부해도 모르는 것 투성이다. 사람들이 기억할 만한 따뜻한 풍경은 대체 언제 만들 수 있을까. 영화 '너의 이름은'은 근사한 풍경이 이미 우리 일상에 있다고 말해주는 영화다. 잠시 하늘을 올려다보라고, 길 건너 가로등이 어떻게 생겼는지 한 번쯤 자세히 보라고 말해주는 영화다.

'너의 이름은'은 실사보다 더 정교하게 묘사된 애니메이션이다. 도쿄에 사는 고등학생 타키와 시골에 사는 미츠하가 일주일에 두세 번씩 몸이 서로 바뀐다. 두 인물의 몸이 바뀐다는 설정을 통해 상반된 두 환경인 도시와 시골을 낯설게 보게 만든다. 세밀하게 배경을 묘사하기로 유명한 신카이 마코토 감독은 타키가 사는 도쿄는 실제 그대로 충실하게 재현한 반면, 미츠하가 사는 시골은 가상의 공간으로 새롭게 창조했다. 미츠하의 시골 마을에 혜성이 떨어지는 날, 큰 재앙이 일어나며 이를 막고자 하는 두 주인공의 고군분투가 이어진다. 몸이 바뀌는 가벼운 에피소드로 시작한 영화는 과연 시간을 가로질러 재앙을 피할 수 있을지, 시공간을 달리한 두 주인공의 운명은 어떻게 될지 궁금하게 만들며 새로운 국면으로 전개된다.

미츠하가 사는 시골 마을은 아름답다. 시간의 변화에 따라 경이롭게 변하는 호수, 나뭇가지 사이로 방울방울 떨어지는 햇볕, 여름밤 바람에 흩날리는 들풀. 도시 사람들이 이상향으로 그리는 풍경이 펼쳐져 있다. 그러나 미츠하와 그의 친구들은 카페도, 서점도, 치과도 없는 시골 생활의 따분함을 불평하며, 걷거나 자전거로 학교에 간다. 방과 후엔 개울 건너 들판을 지나 그들이 카페라고 부르는 버스 정류장 옆 자판기 옆에 앉아 시간을 보낸다. 시골의 시간은 느리게 흐른다.

도시의 풍경 역시 아름답게 재현된다. 복도식 아파트의 현관문을 열자 타키의 몸이 된 미츠하의 눈앞에 아침 햇볕을 받아 찬란히 빛나는 마천루와 도시의 공원이 펼쳐져 있다. 공사 중인 도로에 꼬리를 문 자동차, 엄청난 사람들로 붐비는 전철, 옥외 광고의 조명 등 활기찬 도시의 모습이 묘사된다. 친구들과 처음 가본 카페는 미츠하에게 경이 그 자체다. 형형색색 예쁜 케이크를 먹고 커피를 마시는 세련된 도시인들로 가득하다. 하지만 소비를 위해서는 그만큼 희생도 따른다. 방과 후 식당에서 아르바이트하느라 늘 바쁘게 지내야 한다. 빠르게 하루가 지나가는 도시의 풍경은 스펙터클하다. 도시의 시간은 빠르게 흐른다.

감독은 만원 전철의 출퇴근 풍경이나 자판기 디자인 같은 일상의 소소한 대상에서 받은 감흥을 표현하고 싶었다고 한다. 영화 속 풍경에서 눈여겨볼 것 중 하나는 시점이다. 지하철 문이나 미닫이 방문이 닫히는 장면을 문틈 모서리에서 보는 시점이라든지, 빗물이 흘러들어가는 트렌치 사이에서 도시를 올려다보는 시점은 익숙한 풍경을 새롭게 보이게 한다. 다다미방에 앉아 있는 인물을 효과적으로 촬영하기 위해 카메라 다리를 낮춰 일명 '다다미쇼트'를 창조했던 오즈 야스지로 감독을 인용하자면 '개미시점쇼트'라고나 할까. 감독은 전작 '언어의 정원'에서도 신주쿠 공원을 하늘에서 보이는 모습부터 공원 안의 나뭇가지나 빗방울에 이르는 디테일한 묘사까지 여러 시점과 스케일의 변화를 통해 실제 공원보다 더 아름답고 실감나게 재현한 바 있다. 감독의 따뜻한 시선 덕에 영화를 보고 나면 잔잔한 일상의 아름다운 풍경이 극적인 스토리보다 더 기억에 남는다.

엇갈린 시간을 다루고 불행을 막기 위해 고생하며 뛰어다니는 장면은 호소다 마모루 감독의 '시간을 달리는 소녀'를 떠올리게 한다. 좋아하는 영화라 이번 기회에 다시 보았다. 시간을 뛰어넘으며 소소한 일상을 바꾸느라 동분서주하는 여주인공 마코토, 변함없이 사랑스러웠다. 특히 후반부, 석양이 드리운 고수부지에서 엉엉 울고 있는 마코토에게 치아키가 다가가 귓속말로 속삭이는 장면은 다시 봐도 뭉클하다. 두 영화의 주인공들은 조금 빠르거나 늦게 알아보는 바람에 서로 엇갈리고 만다. 멋진 남자 선배가 많을 거라는 친구의 꼬임에 빠져 미술반에 들어가지 않았다면 지금쯤 나는 수학 선생님이 되어 있을까? 조경이라는 두 글자를 처음 본 날 가슴 뛰던 그 시간으로 돌아간다면 나는 과연 같은 선택을 할까? 조금 빠르거나 늦는 바람에 못 알아차리거나 놓쳤다 해도 어쩔 수 없다. 여하튼, 지금이다.

# 황야에서 길을 묻다

## 와일드

혼자 영화를 보러가서 5분 만에 나는 후회했다. 그녀가 첫 발을 내디디며 내뱉은 첫 대사처럼. "내가 미쳤지. 내가 미쳤어." '와일드'는 스물여섯 살 먹은 여자 혼자서 자기 몸무게보다 더 무거운 배낭을 메고 지옥의 트래킹 코스라 불리는 퍼시픽 크레스트 트레일Pacific Crest Trail(이하 PCT)을 완주한 실화를 그린 영화다. PCT는 미국 서부 태평양 연안의 긴 등산로로 남쪽의 멕시코와 접한 캘리포니아 주에서 북쪽의 캐나다와 접한 워싱턴 주까지 이어지는 장장 4,285km의 코스다. 사막, 눈 덮인 고산 지대, 광활한 평원과 활화산 지대까지 인간이 경험할 수 있는 모든 자연 환경을 거쳐야 완주할 수 있다. 실재 인물인 셰릴 스트레이드Cheryl Strayed는 평균 150일 정도 걸리는 코스를 94일 만에 완주했다.

해피엔딩을 알고도 영화를 보는 이유는 결과에 이르는 과정을 통해 얻고자 하는 것이 있기 때문이다. 역경을 딛고 결국 목표를 성취해내는 주인공을 보며 카타르시스를 맛보거나, 인간의 손이 미치지 않은 대자연의 멋진 경관을 관찰자 시점에서 감상하게 될 것을 기대했다. 그러나 영화는 이러한 예상을 빗나간다. 영화가 시작되자마자 후회가 밀려오더니 영화를 보는 내내 답답하고 마음이 무거워졌다. 동행이 있었다면 소주라도 한잔하면서 가슴속 돌덩이를 부숴야 할 것 같았다. 응어리를 품은 채 며칠이 지났다.

카타르시스는 대체로 관객이 주인공의 결핍에 동의하거나 주인공에게 감정을 이입할 때 충족된다. 장 마크 발레Jean Marc Vallee 감독은 주인공이 겪은 과거를 시간 순서로 설명하지 않고 현재의 여정 중간에 행복했던 기억과 지우고 싶은 순간을 파편적으로 교차시킨다. 다 자란 성인 여자가 어린 시절의 기억과 어머니의 갑작스러운 죽음으로 인해 스스로 나락으로 떨어지는 상황을 온전히 이해하기 어려웠다. 왜 그토록 스스로를 바닥까지 내몰았으며 무엇이 그녀를 지옥의 트래킹 코스로 오게 했을까. 평균 150일 넘게 걸리는 코스를 94일에 완주할 때 겪을 법한 육체적 한계에 대한 묘사도 그리 생생하지 않다. 발톱이 빠져 피투성이가 된 발을 샌들에 의지한 채 다시 걸을 뿐이다. 그녀의 어깨와 등에 난 상처만으로는 배낭의 무게감을 느끼기 어렵다. 오히려 온전히 홀로인 외로움과 내면의 상처가 그녀가 짊어진 짐보다 훨씬 무거워 보인다. 물리적인 환경을 어떻게 극복하는지 보여주기보다는 내면의 상처를 끊임없이 노출시킨다. 관객은 쉽지 않은 여정에 꼼짝없이 동참할 수밖에 없다. 찬 죽을 벅벅 소리 내서 긁어먹고, 갈증으로 텐트에 맺힌 이슬을 핥아먹는 극한 상황에서도 과거의 온갖 기억을 떨쳐내기 힘들다. 완주를 눈앞에 두고서야 그녀는 안도하며 편안한 미소를 짓는다.

영화를 보면서 감상하고 싶었던 대자연의 아름다움은 오히려 영화를 보고 난 후 PCT 코스가 궁금해서 찾아본 다큐멘터리를 보고서야 제대로 감상할 수 있었다. 다큐멘터리에는 보는 이를 압도하는 카메라 워킹으로 수려한 장관을 담았고 친절한 코스 설명을 덧붙였다. 공간을 다루는 직업을 갖고 있다 보니 맵핑이 되지 않으면 무언가 부족하게 느껴진다. 영화는 주인공의 현재 지점을 지도에 표시해서 걸어온 길과 앞으로 가야 할 길을 보여준다거나 그녀가 현재 해발 몇 미터쯤에 있는지, 얼마를 더 걸으면 보급품을 받을 수 있는 산장이 나오는지 설명하지 않는다. 그녀의 현재 위치를 알 수 없는 관객은 그녀가 걷는 길이 우주 공간만큼 낯설고 막막하다. "좌표가 잡히지 않는 공간은 공포다." 심리학자 김정운은 하이데거의 존재론을 인용하며 존재의 불안을 설명했다. 어디에 있는지 모르는 물리적인 상황은 돌아갈 곳 없는 그녀의 상황과 피폐한 그녀의 영혼만큼이나 황망하다. 그녀는 사방으로 뻗은 아득한 길 위에서, 눈밭에서, 숲 속에서 길을 찾아 두리번거린다. 시간과 공간을 예측할 수 없고 도움을 청할 수도 없는 상태는 그 자체로 불안과 공포감을 준다.

서툰 솜씨로 텐트를 치고 자는 첫날 밤, 거대한 산 그림자는 손톱만큼 작은 텐트와 대비되어 위압적이다. 여기저기서 들리는 산짐승 소리와 바람 소리에 그녀는 잠을 제대로 이루지 못한다. 눈에 뒤덮인 평원은 감탄의 대상이 아니라 반바지 위에 옷을 더 입으라는 경고일 뿐이다. 벌레가 모여든 오염된 물을 정수 필터에 담아 강간의 공포 속에서 허둥지둥 도망치던 그녀의 뒷모습에서 한없이 나약한 존재인 인간의 모습에 대해 다시 생각하게 한다.

영화 속 경관은 우리가 예상하는 아름다운 자연이 아니다. 원생 그대로의 자연, 즉 황야에 가깝다. 조경이론가 배정한은 황야에 대한 인식과 미적 경험에 대한 연구를 통해 황야를 이렇게 묘사하고 있다. 황야란 "공포의 자연이자 정복 대상으로서의 자연이다. 이러한 황야를 인간은 미적으로 인식하거나 경험할 수 없다." 사막 경관은 황량하고 쓸쓸하며, 짐을 메고 넘어야 하는 암벽은 높고 날카롭다. 원생의 자연은 그녀에게 결코 우호적이지 않다. 인간의 손에 길들여지기 전의 자연은 공포의 야생이다. 그녀의 시선으로 근사한 자연 경관을 펼쳐 보이기보다는 멀찌감치 떨어져서 야생에 내던져진 그녀를 보여준다. 그녀의 상황을 아는 관객 입장에서 자연 경관은 결코 관조의 대상이 될 수 없다. 좌표가 잡히지 않는 황야에서 비가 오면 온몸으로 맞고, 동물과 마주치면 말을 걸며, 거친 환경에 몸을 맡길 뿐이다. 그녀는 야생의 자연을 결코 길들이지 않고, 맞서 싸우지 않으며 그저 자신을 들여다보는 거울로 삼는다. 그녀가 출구를 찾아 스스로 나락에 빠졌듯이 가장 극한의 방법을 통해 내면의 나침반을 발견한 셈이다.

영화는 그녀가 이룬 성취에 찬사를 보내는 것이 아니라 그녀의 힘든 여정을 체험하게 만든다. 그래서 그녀의 마지막 미소보다는 야생의 자연이 주는 혼돈과 공포가 아직 가슴 속 돌덩이로 무겁게 남아있다.

# 생의 좌표

## 하트 오브 더 씨

구글 지도가 등장하기 전까지만 해도 종이 지도는 여행의 필수품이었다. 종이 지도와 나침반을 단숨에 대체한 구글 지도의 가장 큰 장점은 내가 어디에 있는지를 정확하게 알려준다는 점이다. 아무리 낯선 장소에 던져지더라도 나의 좌표만 알면 불안하지 않다. 어디서든 다시 시작할 수 있고 새로운 계획을 세울 수도 있다. 해양 모험담을 그린 영화 '하트 오브 더 씨'는 좌표를 잃고 망망대해에 표류하면서 언제 다가올지 모르는 고래의 공격에 노출된 인간의 모습을 그린다. 표류나 고립을 다룬 영화는 많다. 이 부류의 영화는 대개 거대한 자연에 비해 인간의 존재가 얼마나 하잘것없는지 깨닫게 해 준다. 그러나 이 영화의 특별한 점은 자연을 초월한 존재인 고래에 있다. 영화는 인간이 고래를 만나기 전, 그리고 거대한 흰 고래에게 완벽하게 TKO패 당한 이후의 두 상황으로 나뉜다.

이 영화는 허먼 멜빌의 소설 『모비딕』의 바탕이 된 실화를 그리고 있다. 생활고를 겪는 소설가 허먼 멜빌이 이야기를 듣기 위해 먼 길을 마다치 않고 한 남자를 찾아오면서 영화가 시작된다. 1800년대 초에 고래잡이는 기름을 얻기 위한 중요한 산업이었다. 야심 차게 항해를 시작한 포경선 에식스 호는 거대한 고래의 공격을 받아 침몰하고 94일간의 표류 끝에 소수만 살아남는다. 생존자 중 한 명이었던 남자는 멜빌의 간청에 못 이겨 지옥 같았던 체험담을 들려준다. 4D로 보았으면 멀미가 날 뻔 했다. 2D로도 심하게 흔들리는 배에 탄 것 같은 다이나믹함을 충분히 체감할 수 있다. 거대한 돛을 올리는 장면, 바람에 맞서 바닷물이 얼굴로 튀고 고래의 몸짓에 배가 산산조각이 나는 스펙터클은 그 자체로 공감각적인 쾌감을 준다.

　영화 전반부에는 선장과 일등항해사 두 남자의 팽팽한 기 싸움이 고래와의 긴장을 대신한다. 일등항해사는 농부의 아들로 태어나 많은 경험 끝에 고래잡이에 탁월한 능력을 가지게 된 자다. 일종의 현장형 실무자로 선주로부터 선장을 약속받지만 매번 좌절된다. 에식스 호를 지휘할 선장으로 그가 아닌 포경 산업을 일으킨 가문의 아들이 결정된다. 핸디캡을 딛고 승승장구해 누구보다 실력이 뛰어나지만 일등항해사에 머물러야 하는 흙수저 출신, 가문의 명예를 지키기 위해 등 떠밀려 배에 탔지만 선원들에게 인정받지 못하는 금수저 출신의 선장, 정반대 지점의 결핍을 가진 이 둘은 고래 잡기라는 공통의 목표를 향해 돌진한다. 흰 고래가 등장하기 전까지는 오로지 고래를 잡아 목표한 기름의 양을 채워 고향에 돌아갈 생각으로 가득하다. 명예와 능력을 증명하기 위해서라면 거친 바다도, 고래도 정복할 수 있는 대상이라고 두 남자는 굳게 믿는다.

생각보다 성과를 올리지 못하자 그들은 더 먼 바다로 항해를 계속한다. 결국 소문으로만 듣던 거대한 흰 고래를 만나서 배가 침몰한 후, 목숨을 건 표류가 시작된다. 생존자들은 물과 양식이 떨어져 가는 상황 속에서 땡볕과 비바람을 온몸으로 맞는다. 생과 사를 오가는 절박한 순간에도 고래의 공격은 계속된다. 소설 『모비딕』에는 표류와 고래의 공격이 이렇게 묘사되어 있다. "캄캄한 바다와 높은 파도는 아무것도 아니었다. 무서운 폭풍에 휩쓸리거나 암초에 부딪히거나 그 밖에 일반적으로 공포심을 불러일으키는 어떤 것도 너무 하찮게 느껴져서, 거의 생각할 가치가 없는 것 같았다. 처참해 보이는 난파선의 잔해와 복수심에 불타는 그 고래의 무시무시한 모습이 내 마음을 완전히 사로잡았다. 다시 해가 뜰 때까지 나는 오로지 그 생각에만 몰두해 있었다." 고래잡이는 자연의 두려움도 떨치게 하는 맹목적인 목표였다. 생존자들이 거의 죽어가는 시점에 흰 고래가 다시 나타난다. 눈을 겨우 뜰 정도로 기력이 다한 일등항해사는 죽을힘을 다해 일어서서 작살을 든다. 고래가 배 가까이 다가와 눈이 마주침과 동시에 고래의 눈 옆에 언젠가 던졌던 작살이 꽂혀 있는 것을 본다. 그는 작살을 던지지 못한다. 영화를 함께 본 16세 중학생은 어차피 죽을 고래의 운명과 자신의 운명이 같다고 느껴서 작살을 못 던진 것이라고 열심히 해석했다.

호소다 마모루 감독의 신작 '괴물의 아이'에도 모비딕이 등장한다. 동물의 세계에서 성장했던 소년이 인간 세계로 돌아와서 처음 글을 배우는 책이 『모비딕』이다. 정체성을 고민하던 소년은 모비딕의 모험담이 세상을 더 알고 싶게 만들어준다고 설명한다. 비슷한 시기에 개봉한 두 영화에 등장하는 19세기 고래잡이 이야기는 오늘 우리에게 무엇을 전하는 걸까. 구글 지도를 가졌지만 좌표를 찾지 못한 채 거대한 바다를 표류하는 자들의 처지와 다르지 않다고 말하는 건 아닐까. 영화에서 남자의 생존담을 듣던 멜빌은 "나는 훌륭한 작가가 아닙니다"라고 말한다. 에식스호에 탔던 자신만만한 두 남자와 대비되는 이 고백이 바로 자신의 한계를 직시하는 인간의 진짜 모습일지 모른다. 과하면 오만해지고, 덜하면 소심해진다. 인생이라는 큰 바다에는 따스한 햇볕과 폭풍, 그리고 고래의 공격이 있다. 어떻게 대처해야 할지는 잘 모르겠지만 내가 특별한 무엇이 아니라는 인정이 정신 건강에 도움이 될 것은 확실하다. 좌표를 잃고 내던져졌던 일등항해사는 생의 가장 절박한 순간에 만난 흰 고래로부터 어떤 메시지를 들었을까? 그는 왜 작살을 던지지 못했을까?

# 노인을 위한 경관은 없다

## 죽여주는 여자

성매매를 하는 소영(윤여정 분)의 주 활동 무대는 탑골공원이다. 일명 바카스 아줌마인 그녀는 5년이나 이곳에서 활동했기에 단골도 제법 있다. 가만히 서 있기만 해도 '죽여준다'는 소문을 듣고 고객이 찾아온다. 하지만 성병에 걸린 사실이 소문나는 바람에 활동 무대를 남산공원으로 옮긴다. 수포교와 남산 순환로를 배회해 보지만 탑골공원에 비해 영업이 시원치 않다. 먼저 다가가 "바카스 한 병 딸까요?" 했다가 모욕만 당하기 일쑤다. 딱한 처지에 놓인 코피노 꼬마와 이태원 산동네를 오르는 그녀의 발걸음은 오늘도 무겁다. 소영이 세 들어 사는 허름한 집에는 주인인 트랜스젠더와 장애자와 동남아시아 이주민이 모여 산다. 영화는 서울의 오래된 공간을 배경으로, 주류 사회에서 밀려난 소외 계층의 삶을 묘사하고 있다.

소영은 한국전쟁이 일어난 해에 이북에서 태어났다. 식모와 공장 직공을 거친 후, 동두천에서 만난 미군과의 사이에서 아이를 낳았지만 돌도 안 된 채 입양 보내야 했다. 평생 죄책감을 안고 사는 그녀는 길 고양이뿐 아니라 곤란에 처한 꼬마나 노인들을 살뜰히 챙긴다. 다큐멘터리를 찍는 감독이 "그럼 미군 상대하는 양공주였던 거예요?"라고 묻자, "그럼 일본군 상대했겠니? 그 정도 나이는 아니야"라며, "나같이 못 배우고 늙은 여자가 할 수 있는 일이 그리 많지 않아"라고 씁쓸히 미소 짓는다.

그러던 어느 날 소영은 병상에 누운 채 죽음을 기다리는 옛 고객의 자살을 돕게 되고, 그 일을 계기로 몇 번의 부탁이 이어진다. 진짜로 '죽여주는' 사람이 된 것이다. 남자의 쾌락과 맞바꾼 대가로 생계를 유지하던 그녀의 마지막 임무도 남자 노인들의 안락한 죽음을 돕는 일이라니. 못 배우고 늙은 여자를 대하는 사회적 폭력의 극단적인 일면같이 느껴진다. 소영은 가족같이 지내는 이웃사촌들과 마지막 소풍을 가서 회전목마를 타고 기념사진을 찍으며 잠시 즐거워한다. 평범한 사람이면 누구나 누리는 소소한 행복조차 그녀에게는 쉽게 허락되지 않는 일이었다. 통일전망대에 올라 북쪽을 바라보는 장면은 소영의 삶이 한국의 아픈 근대사와 맞물려 있다는 것을 암시한다.

탑골공원과 장충단공원, 남산 산책로 등 영화 속 공원 또한 서울의 역사와 무관하지 않다. 탑골공원은 서울에서 가장 오래된 공원이다. 절터의 탑만 남은 채 방치되었다가 조금씩 공공장소로 활용되다가 일제강점기에 공원의 면모를 갖추었다. 공원 앞 광장에서는 만민공동회와 같은 집회가 열리기도 했다. 도심 한가운데 위치해서 어디서나 쉽게 접근이 가능한 데다 지하철 무임승차까지 시행되면서 노인들이 모이는 대표적인 공원이 되었다. 장충단은 을미사변 때 죽은 장병을 추모하기 위해 만든 제단으로 역시 일제강점기에 공원으로 지정되었다. 넓은 운동장이던 곳은 군부 정권기에는 각종 정치 집회나 문화 이벤트 장소로 활용되었다. 남산공원은 정권이 바뀔 때마다 많은 변화가 있었다. 1990년대 '남산 제 모습 찾기 사업'과 2000년대 '남산 르네상스 사업'을 거쳐 오늘에 이르렀다. 소영이 우연히 코피노 꼬마를 만나는 산부인과 주변에는 단성사라는 극장이 있었다. 1980년대만 해도 극장 앞에서 파는 오방떡이나 고구마튀김을 사먹던 곳이었는데, 현재는 귀금속 전문 상가가 모여 있다. 꼬마가 경찰을 피해 도망가는 피맛길은 조선 시대 나라님 행차를 피해 서민들이 다니던 작은 길이다. 소영의 발자취를 따라다니다 보면 시간이 누적된 서울의 경관을 체험할 수 있다.

서울의 공원이 만들어진 과정을 살펴보면 빈 땅에 계획을 세우고 새로 만든 사례는 거의 없다. 대부분 다른 용도로 쓰이던 곳을 공원으로 지정해서 조성했다. 공원으로 변용되는 데는 장소적 특성이 반영되기도 하고, 정치·사회문화적 영향을 받기도 했다. 산이 많아 산을 좋아하는 민족이니, 자연스레 근교 산이 공원이 되었고, 일제에 의해 궁궐이 유원지가 되거나, 제사를 지내던 곳이 운동장이 되었다. 근대의 산물인 공원은 모더니즘을 체험할 수 있는 장소이자, 통치 세력의 권력을 과시하는 경관으로 작동했다. 해방 이후에도 오랫동안 서울의 공원을 만든 사람은 설계자보다는 그 당시 대통령이나 시장이 대신해 왔다. 최근 완성된 '서울로 7017'의 설계자가 네덜란드의 조경가 비니 마스라는 사실을 아는 서울 시민이 몇 명이나 될까. 대부분 박원순 시장이 만든 것으로 인식한다. 이명박의 '청계천', 오세훈의 '세빛 둥둥섬', 이런 식이다.

소영이 예전 동료를 우연히 만나는 남산 순환로의 전망 데크는 서울의 대표적인 조망점이다. 남산에서 시가지를 바라보면, 남향으로 지은 주요 건물의 정면을 볼 수 있기에 서울의 변화를 한눈에 볼 수 있는 장점이 있다. 상징 경관으로 엽서나 그림에 자주 등장하는 이유다. 1960~1970년대 한국 영화의 오프닝 신은 남산에서 서울을 스케치하며 시작하곤 한다. 대도시 서울의 변화를 과시하고 영화 속 배경이 서울임을 알리는 메시지다.

'죽여주는 여자'에서도 종종 서울의 전경이 부감 숏으로 묘사된다. 주요 공간인 탑골공원이나 낡은 이태원 집 옥상을 높은 시점에서 도시 경관과 나란히 보여주며 시작한다. 발전을 상징하는 세련된 경관뿐 아니라, 시간이 멈춘 것 같은 오래된 경관 또한 서울의 한 켜임을 강조하고 있다. 그 속으로 좀 더 들어가 보면 소외 계층의 고단한 삶과 비극이 숨겨져 있다. 치욕의 역사를 버티고 전쟁을 겪으며 조국의 근대화에 헌신한 세대는 이제 노인이 되었다. 오래됨을 낡고 뒤처진 것으로 간주하고 빠르게 지우며 새로 써 오는 동안 정작 우리가 잃어버린 것은 무엇일까.

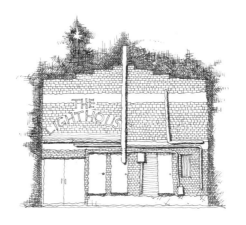

# 도시

한 도시의 정체성을 이루는 요소는 다양하다.
시간의 켜일 수도 있고 독특한 문화일 수도 있다.
도시는 시대적 요청에 의해
생성되기도 하고 쇠락하기도 한다.
도시를 기품 있게 만드는 것은 랜드마크가 아니다.

"

*꿈을 펼칠 수 있는 작은 기회, 작은 기회가 다시
큰 기회가 되는 연결, 서로를 알아보는 공감,
영역을 넘어선 문화 예술적 교류, 사회적인 지원과 배려,
영화는 이런 것들이 뉴욕이라서 가능하다고 이야기한다.*

"

프란시스 하 중에서

# 도시의 기억

## 경주

대한민국에서 학창 시절을 보낸 40대 이상이라면 경주에 대한 첫 기억이 수학여행일 확률이 높다. 동트기 전부터 산에 올라가 졸린 눈을 부비며 화장실인 줄 알고 들어가서 본 석굴암은 충격 그 자체였다. 첨성대는 상상했던 것보다 작았고 포석정은 미니어처 같이 느껴졌다. 전통 양식을 어설프게 모방한 기와 장식의 4층 민박집과 넓은 잔디밭 위의 벚꽃이 석가탑보다 더 기억에 남는다. 바람에 흩날리던 벚꽃 아래에서의 수다는 눈부셨고, 남녀 공학이어서 더 다이나믹했던 민박집 에피소드는 여전히 단골 안줏거리다. 경주의 첫인상은 불국사 앞에서 찍은 단체 사진처럼 박제된 이미지로 남아 있다. 첨성대의 부드러운 곡선을 이루는 작은 돌덩이가 어떤 모양인지, 황룡사의 빈터가 어떤 울림을 주는지 느끼게 된 것은 그로부터 시간이 한참 지난 후였다.

영화 '경주'에는 불국사나 첨성대 같은 경주의 대표 선수들이 등장하지 않는다. 오래된 골목, 찻집의 정원, 노래방 앞, 아파트 주변, 자전거 길 등 일상의 공간이 주요 무대다. 영화에서 가장 인상적인 두 공간은 고분과 찻집 정원이다. 장률 감독은 재중 동포 3세로 특정한 도시의 정서와 어디에도 속하지 못하는 이방인의 감성을 주로 그려 왔다. 장률은 경주를 처음 방문했을 때 백 개가 넘는 고분이 일상과 아무렇지 않게 섞여 있는 모습이 특이해 보였다고 한다.

북경대 교수 최현(박해일 분)은 선배의 장례식에 참석하기 위해 한국에 왔다가 경주에 들른다. 그는 고분 앞에서 교복 입은 고등학생들이 입을 맞추거나 소풍 나온 유치원생들이 재잘대며 지나가는 장면을 본다. 장률이 실제 느꼈을 경주의 첫인상을 보여주는 장면이다. 최현은 미모의 찻집 주인 윤희(신민아 분)와 얽히면서 그녀의 일상에 하루 동안 동행하게 된다. 윤희는 아파트 창문을 열면 보이는 고분을 바라보며 "경주에서는 단 하루라도 능을 보지 않고는 살 수 없어요"라고 말한다. 그녀의 모임에 따라가 술을 마신 최현은 그녀를 좋아하는 남자와 함께 술에 취한 채 고분 위로 올라간다. 그녀는 고분에 누워 무덤 속 사람에게 말을 걸기도 하고, 건너편 고분에 올라가 자신과 똑같은 포즈로 누워있는 남자를 바라보기도 한다. 고분의 실루엣은 옆으로 누운 여자의 허리선처럼 부드러운 곡선을 이룬다. 그녀를 짝사랑하는 남자는 그의 아버지가 고분 위에서 술을 마신 후 깔고 앉았던 돗자리를 타고 내려오곤 했다는 옛이야기를 들려준다. 고분에서 술 취한 채 썰매 타는 모습은 상상만으로도 웃음이 난다. "알 만한 사람들이 문화재 위에서 뭐하는 짓들이냐. 거기는 너희가 올라가 노는 데가 아니야"라고 호통치는 경비원에게 그들은 결국 쫓겨난다.

엄숙한 죽음의 공간과 자잘한 일상이 얽히는 상황은 경주에서만 볼 수 있는 독특한 풍경이다. 아름다운 고분의 실루엣을 전경으로 멀리 보이는 도시의 불빛을 한 프레임에 담은 장면은 영화의 공간과 주제를 함축해서 보여주는 마법 같다.

영화 속에서 고분이 경주의 실제 모습이라면, 찻집은 경주를 은유한다. 찻집은 오래전 모습을 간직한 채 현재의 시간이 흐르고 있으며 낯선 사람들이 방문하는 공간이다. 비밀을 간직한 아름다운 여주인이 있고 전통차라는 콘텐츠가 있다. 결코 화려하지 않은 작은 정원이지만 깊이와 신비로움이 느껴진다. 내부 공간과 정원은 주인공들의 시선, 움직임, 감정의 변화로 점점 그 경계가 불분명해진다. 정원의 빛은 방으로 들어와 인물을 비추고, 방안의 인물은 정원에 있는 인물을 훔쳐본다. 소나기가 잠시 왔다가 그치면서 정원의 빛이 석양으로 노랗게 물들면 방안의 빛도 변하면서 인물의 마음도 움직인다. 최현이 정원을 카메라에 담을 때 윤희는 사진에 찍히지 않기 위해 남자의 등 뒤에 서 있는데, 그 어떤 직접적인 표현보다 두 사람의 설렘이 전해지는 장면이다. 여자의 모습은 사진에 담기지 않았지만, 사진 찍는 공간과 시간을 그들은 공유한 셈이다. 그 사진은 남자가 처음 정원에 들어서면서 방문객의 시점으로 찍은 사진과는 다른 의미를 가진다.

48세에 자살로 생을 마감한 발터 벤야민Walter Benjamin은 그의 마지막 글인 『역사의 개념에 대하여』에서 역사에 대한 인식 전환을 거론했다. 역사 인식의 방점이 단순히 과거에 일어난 일과 사건을 '기록하는 것'에서 '기억하기 위한 행위'로 바뀌어야 한다고 강조한다. 역사를 대할 때 실증적 자료를 바탕으로 하는

'과학의 대상'으로 바라볼 것이 아니라 현재 이 시간에서 다루어야 할 '기억의 대상'으로 보자는 것이다. 한반도는 시간이 겹겹이 쌓여 있는 장소다. 물리적 넓이에 비해 시간적 깊이가 상상할 수 없을 정도로 깊다. 21세기 현재 남원 실상사에서 12세기의 정원 유적이 발견되었고, 서울 한가운데에서는 일제강점기의 신궁 터가 모습을 드러냈다. 숱한 전쟁과 개발에도 옛 모습을 고스란히 간직하고 있다. 시간은 끊임없이 현재에 말을 걸고 있다. 우리가 알고 있던 과거의 시간과 미처 몰랐던 과거의 시간이 현재라는 낯선 공간에서 조우한다. 기억할 대상으로 보지 않고 기록물로만 대한다면 빛나는 유산도 단순히 사진 속의 배경 역할에 그칠 뿐이다. 어떻게 기억하고 느낄 것인지 고민하지 않을 바에 굳이 발품 들여 직접 볼 필요가 있겠는가. 만능 네이버 선생님이 더 좋은 사진을 보여줄 텐데. 나와 관계 맺음으로써 비로소 전해지는 진실과 감동, 기념사진만으로는 전달되지 않는다.

영화 '경주'는 관객이 예상하는 익숙한 전개 방식으로 흘러가지는 않는다. 익숙한 공간에 죽음이 툭 던져져 있는 경주의 일상과 낯선 이방인이 겪는 소소한 체험이 궁금하다면, 다소 긴 상영 시간을 그와 동행해보는 것도 나쁘지 않을 것이다. 고분이 편의점보다 많은 경주의 작은 골목길에서 그와 같이 회상하고, 설레고, 망설이다 보면 경주가 조금은 말랑하게 느껴진다. 오래 봐왔지만 무뚝뚝하던 사람이 처음으로 다정하게 말을 걸어준 것 같은 느낌이랄까. 경주에 가면 영화를 촬영한 찻집 아리솔에 가서 황차를 마셔보고 싶다.

# 거주의 지리학

**프란시스 하**

다음은 한 가상 인물에 대한 정보다. '대전에서 출생 후 18세까지 거주 - 25세까지 서울 거주 - 약 3년간 강원도 거주 - 32세까지 미국 거주 - 37세까지 서울 거주 - 45세까지 분당 거주 - 최근 세종시로 이주.' 이 가상 인물에 대해 '지방 도시에서 태어나 강원도에서 군 생활을 한 남자. 유학을 다녀온 후 서울에서 취직. 결혼 후 분당에서 살다가 최근 근무지가 세종시로 이전하게 된 공무원이나 연구원'이라고 추측해 볼 수 있다.

한 사람의 지리적 이동 경로는 단순한 발자취를 넘어 개인의 많은 것을 내포한다. 일터와 거주지가 조금 멀더라도 자녀 교육을 위해 특정 동네를 고집하는 사람도 있고, 반려견을 위해 쾌적한 교외 생활을 계획하는 사람도 있다. 나이 들면 전원에서 살고 싶은 사람도 있고, 한 번도 전원에서 살아보지 않아서 나이 들수록 도시 한가운데서 살아야 마음이 놓이는 사람도 있다. 어디에서 살고 왜 거기에 사는지는 그 사람의 현재를 말해주므로 살아온 거주지를 맵핑해 보면 저마다의 독특한 요인과 변화를 짐작해볼 수 있다.

'프란시스 하'는 무용수가 되고 싶어 하는 27세 프란시스가 꿈을 좇는 여정의 영화로, 주로 그녀가 집을 찾아다니는 이야기로 전개된다. 책의 챕터를 나누듯 그녀의 거주지가 영화의 장을 나눈다. 그녀는 영화 속에서 일곱 곳을 옮겨 다니는데 '브루클린 – 차이나타운 – 캘리포니아 새크라멘토 – 동료의 아파트 – 파리 – 뉴욕 포킵시 – 워싱턴 하이츠' 순이다. 브루클린에서 절친한 룸메이트와 지내는 일상으로 영화가 시작되고, 돌고 돌아 결국 맨해튼의 북쪽 지역인 워싱턴 하이츠에 본인만의 거주지를 장만하면서 끝난다. 룸메이트가 프란시스를 떠나게 되는 이유는 트라이베카에서 살 수 있는 기회가 생겼기 때문이다. 트라이베카는 로어맨해튼Lower Manhattan에 위치한 비교적 고급 주거지다. 친구는 전근 가는 약혼자를 따라 일본으로 다시 떠난다. 기대에 부푼 채 새로운 삶을 꿈꾸었지만 적응하지 못한 채 다시 뉴욕으로 돌아온다. 본인 의사와 상관없이 거주지를 옮겨야 하는 프란시스에 비해, 그녀의 친구는 거주지에 대한 욕망이 우정이나 꿈보다 우선순위에 있다. 거주지는 취향의 선택이기도 하지만 개인적인 욕망과 사회적 신분상승을 드러내기도 한다.

프란시스는 그녀가 집착하는 집, 꿈, 친구 관계, 이 세 가지가 모두 불안정한 상태다. 크리스마스를 지내기 위해 방문한 새크라멘토는 가족의 따뜻함이 있는 '집'이지만 꿈과 관계의 결핍을 채울 수 없기에 거주할 '집'은 못 된다. 우연한 기회에 공짜로 이용할 수 있게 된 파리의 '집'은 휴대전화 요금까지 걱정해야 하는 타국일 뿐, 꿈을 꾸거나 일상을 공유할 친구가 있는 곳은 아니다. 근사한 펜트하우스조차 그녀에게는 머물 수 없는 '집'에 불과하다. 내내 울리지 않는 휴대전화만 들여다보는 프란시스 뒤로 파리의 에펠탑 조명이 이토록 괄시받는 영화라니. 그녀에게 정착하지 못하는 '집'이란 이루고 싶은 꿈과 관계 맺기에 실패한 결핍의 상징이다.

영화 속 공원을 눈여겨보는 것도 흥미롭다. 이스트빌리지에 위치한 소박한 톰킨스 스퀘어 파크Tompkins Square Park에서 영화가 시작된다. 짧게 스쳐가지만 브라이언트 파크Bryant Park에서 친구와 소소한 일상을 보내는 장면도 눈에 띄고, 영화의 후반부에는 시티홀 파크City Hall Park의 분수대 앞(포스터)에서 신나게 춤을 춘다. 서울로 치자면 도산공원에서 놀다 시청 앞 광장 분수에서 마무리하는 것과 비슷하다. 톰킨스 스퀘어 파크는 영화 '위대한 유산'에서 기네스 펠트로와 에단 호크의 분수대 키스신으로 유명한 곳이다. 그녀는 자주 맨해튼의 시내를 뛰어다니는데 그녀가 진짜 공연을 하는 곳은 정해진 안무에 따라 춤을 추는 무대가 아니라 감정에 충실한 채 막춤을 추는 뉴욕이라는 도시다.

뉴욕을 배경으로 거주지를 옮겨 다니며 꿈을 좇는다는 면에서 궁굼한 뮤지션을 그린 영화 '인사이드 르윈Inside Llewyn Davis'과 비슷하다. 남자 주인공은 '집'이 아니라 '소파'만 있으면 어디서든 잘 수 있지만 음악에 대한 고집만큼은 꺾지 않는다. 두 영화 모두 무모하리 만치 꿈을 위해 뉴욕(구체적으로는 맨해튼)이라는 도시를 떠나지 못한다. 프란시스의 친구들 표현대로 뉴욕은 '부자 아니면 예술 못하는' 곳이다. 대체 왜 당장 잠잘 곳도 없는 가난한 예술가들이 뉴욕에 모여드는 것일까?

프란시스가 두 번째로 거주하는 차이나타운은 '돈이 좀 있는' 조각하는 친구의 아파트로, 시나리오 작가를 꿈꾸는 또 다른 친구와 셋이서 살게 된다. 그들은 서로의 인적 네트워크를 통해 새로운 일과 사람을 소개하기도 하고, 도전의 기회를 주고받기도 한다. 프란시스의 재능이 별로 뛰어나지 않다는 것을 아는 무용단 단장은 그녀에게 사무직 자리를 제공해준다. 그것은 무용수라는 꿈을 버리지 않은 채 살 수 있는 계기가 된다. 결국 단순히 '집'을 구할 수 있는 일자리를 넘어서, 꿈을 펼칠 작은 기회, 작은 기회가 다시 큰 기회가 되는 연결, 서로를 알아보는 공감, 영역을 넘어선 문화 예술적 교류, 사회적인 지원과 배려, 영화는 이런 것들이 뉴욕이라서 가능하다고 이야기한다. 오늘도 비싼 월세를 감당하지 못해 외곽으로 밀려 나가면서도 여전히 신나게 맨해튼 가로를 질주하는 프란시스가 많은 이유다. 물론 영화처럼 서둘러 해피엔딩으로 마무리되지는 못해도 말이다.

영화의 제목이 왜 '프란시스 하'인지는 맨 마지막 장면에 이르러서야 알게 되는데, 대단한 반전은 아니라도 씩 웃으며 극장을 나설 수는 있다. 너무 친절한 블로그의 포스팅을 미리 보지 않는다면.

# 여행의 일기

## 트립 투 잉글랜드

**6월 20일.** 영국 여행을 며칠 앞두고 작년에 개봉했던 '트립 투 잉글랜드'를 다시 봤다. 두 남자가 시시껄렁한 농담을 하며 여행하는 영화로만 기억하고 있었다. 같은 감독의 이전 개봉작인 '트립 투 이탈리아'에 비해 덜 재미있다고 느꼈다. 영화는 고층 아파트의 통유리로 보이는 런던 시내를 스케치하며 시작한다. 배우인 스티브(스티브 쿠건 분)가 창가에서 친구 롭(롭 브라이든 분)에게 전화한다. 잡지사 청탁으로 가게 된 유명 레스토랑 탐방 여행에 함께 갈 수 있냐고 묻는다. 월요일부터 토요일까지 그들의 여정을 따라가는 단순한 형식의 영화다. 사륜 자동차로 이동하고 음식을 먹고 잠을 잔다. 그리고 수다를 떤다. 유명 셰프의 음식이 등장하지만 정작 그들은 음식에 대해서는 별로 대화하지 않는다. 누가 더 성대모사를 실감나게 하는지 티격태격하면서 가족, 죽음, 미래와 같은 무거운 주제를 농담처럼 주고받는다. 스티브는 워즈워드의 고향이 그림처럼 펼쳐지고 『폭풍의 언덕』의 배경인 거친 들판에서도 풍경을 감상하기보다는 아들이나 여자친구, 에이전트와 통화하는 데 더 주력한다. 전처와 아들이 잘 지내는지, 당분간 시간을 갖자는 여자 친구가 어디서 무엇을 하는지, 그가 원하는 예술 영화에 출연하게 될 건지, 현실적인 문제들이 더 절실하다. 다시 보니 처음 볼 때 보이지 않던 영국 북부의 겨울 풍경이 눈에 들어오기 시작하고 그들의 시시한 대화 속에 숨겨진 속마음이 들린다. 긴 여행에 대한 우려가 조금씩 기대로 바뀐다.

**6월 26일.** 1866년에 지은 브라이튼 해변의 웨스트 피어는 2003년에 화재로 손실되어 앙상한 철골만 남아 있다. 10년 넘도록 뼈다귀만 남은 잔재를 그대로 둔 것과 138m 높이의 얇은 기둥과 원형 전망대를 새로운 랜드마크로 건설 중인 모습이 인상적이다. 쥬빌리 공원의 모티브가 된 순백의 절벽, 세븐 시스터즈. 과연 영화 '나우 이즈 굿'에서 남자친구가 시한부 여자친구를 위해 선사할 만한 풍경이다. 더 놀라운 건 70m의 백악질 수직 벽이 파도에 계속 부서지고 수많은 관광객이 절벽 가까이 가서 사진을 찍는데도 안전 난간 하나 없다는 점이다. 그 흔한 안내판도, 말끔하게 포장된 보도도 없다. 이 나라 공무원은 게으른 걸까. 간이 큰 걸까.

**6월 28일.** M61번 도로를 따라 레이크 디스트릭트로 향하고 있다. 사륜 자동차로 이동하고 음식을 먹고 잠을 잔다. 일상에서는 결코 중요하지 않던 먹는 일과 자는 일이 가장 신경 써야 할 일과다. 많은 시간을 차 안에서 보내다 보니 자연스레 수다가 많아진다. 과속 카메라 방향이 전방인지 후방인지, 맨체스터의 위도가 몇 도인지, 왜 한국에서는 양을 안 키우는지와 같은 '네이버 지식'스러운 대화부터 낭만주의, 워즈워드와 콜리지, 패트릭 게데스, 캐퍼빌리티 브라운까지, 조경사와 도시계획사는 물론 미술사를 넘나드는 수다가 꼬리를 문다.

**7월 1일.** 여행 중간에 합류하기로 한 K가 드디어 에든버러에 도착했다. 공항 근처에 있는 주피터 아트 랜드에서 시간을 보내며 기다렸다. 순천만정원박람회에서 보았던 찰스 젱크스의 거대한 조형 마운딩이 시야를 압도한다. 서둘렀다면 결코 보지 못했을 햇빛과 바람과 구름이 느껴진다. 영화의 한 장면처럼 공항에서 반갑게 K를 맞이했지만 그의 가방이 도착하지 않았다. 다음 날까지 호텔로 전달해주겠다는 항공사의 말을 철썩 같이 믿고 돌아왔다.

**7월 3일.** 스카이 섬의 풍광은 카메라에 담기 어려운 숭고미를 발산한다. 이토록 사진발이 안 받는 풍경이 또 있을까 싶다. 안내판도, 안전 난간도, 포장길도, 그 흔한 생수 가판대도 없다. 마침 일요일이어서 작은 레스토랑조차 문을 닫았다. 이틀째 K의 가방이 도착하지 않았다. 최악의 시나리오와 긍정적인 기대가 매순간 교차한다.

**7월 5일.** 역사 도시 요크. 로마인이 만들었다는 성곽에서 한양도성과 같은 순성놀이를 기대했다. 그러나 성곽은 이어져 있지 않고 곳곳이 훼손된 채 아무렇지 않게 도시에 섞여 있다. 브라이튿날서부터 느낀 '영국식 게으름'은 오히려 자연과 문화유산을 있는 그대로 돋보이게 만들어준다. 양념 없이 재료 고유의 맛을 느끼게 만드는 요리 같다. 인위적인 시설을 배제하여 자연 그대로 느낄 수 있도록 하고 재해나 훼손 그 자체도 과정으로 전시하며 티 나지 않게 조심스레 관리하고 있다. 사람들은 강박에서 벗어나 자유롭게 각자의 방식으로 즐긴다. 존 러스킨의 표현대로 오래된 것이 누릴 수 있는 최고의 영광은 오래됨을 표현하는 것이다.

**7월 7일.** 알랭 드 보통은 『여행의 기술』에서 여행에 대한 기대와 현실 사이의 관계에 대해 언급한다. 여행하는 긴 시간 동안 우리는 몇 개의 인상적인 장면을 선택하여 기억을 단순화한다. 그 사이사이에 있었던 세밀한 감정들, 예컨대 새벽에 깼을 때의 외로움, 더운 물이 안 나올 때의 서러움, 마르지 않는 양말을 드라이어로 말리는 귀찮음 따위는 깨끗이 잊는다. 돌아오는 비행기에서 영화 '트립 투 잉글랜드'를 다시 봤다. 도시에서 출발해 다시 도시로 돌아온 스티브가 런던 시내 야경을 쓸쓸히 바라보며 영화가 끝난다. 영화 속 두 사람의 여정을 다시 따라가 보니 익숙한 길과 풍경이 반갑다. 영화 속 대화도 이번 여행의 실제 대화와 비슷하다. 처음 봤을 때 이 영화가 재미없었던 건 여행의 기대를 충족시켜주기보다는 현실과 너무 비슷해서였나보다.

**7월 13일.** 여행에서 돌아온 지 며칠이 지났지만, K의 짐은 아직 도착하지 않았다. 가방은 아직도 여행중이다.

# 쇠락한 도시, 그 풍경의 서사

## 로스트 인 더스트

첫 시퀀스, 에드워드 호퍼 그림처럼 환한 빛이 내리쬐이는 텅 빈 거리, 따뜻한 색감의 벽면, 펄럭이는 작은 깃발, 화면 안으로 차 한 대가 미끄러지듯 들어온다. 기다렸다는 듯 멀리서 파란색 차가 다른 길로 돌아서 천천히 다가온다. 파란색 차가 건물 뒤로 사라지는 동안 담배를 물고 차에서 내린 여자는 벽에 잠시 서서 담뱃불을 끄고 건물 입구로 향한다. 문 앞에서 열쇠를 꺼내는 순간 복면을 한 두 남자가 나타나 그녀 머리에 총을 겨눈다. 롱테이크로 느릿하게 움직이던 화면 안으로 두 명의 복면강도가 훅 하고 들어오는 순간, 이거 뭐지? 범죄 영화인가?

요약하자면 형제가 은행을 터는 범죄 영화이자 텍사스를 배경으로 하는 현대 서부 영화다. 왜 그들은 강도가 되었을까. 둘 중 키가 큰 동생은 복면으로도 가려지지 않는 선하고 아름다운 눈동자를 가졌다(얼굴도 보기 전에 반하다니, 드문 일이다). 거침없는 형 태너(벤 포스터 분)와 달리 겁에 질린 듯 커다란 눈동자를 굴리는 동생

터비(크리스 파인 분)는 이 강도 행각 전체를 설계한 자다. 태너는 아버지를 싸움 끝에 총으로 쏘아 죽인 죄로 10년 동안 복역한 후 출소했다. 그 사이 어머니는 병들어 세상을 떠나고, 유일한 재산인 농장을 동생인 터비에게 물려주었지만 저당 잡힌 은행으로 바로 며칠 후 소유권이 넘어간다. 이 와중에 농장에서 유전이 발견되었다. 막노동으로 살아가는 터비는 이혼한 후 양육비를 보내지 못하고 있는 상황이며 두 아들을 만난 지 1년이 넘었다. 어떻게든 만기일 전에 은행 대출금을 갚아야 한다. 영화의 원제는 'Hell or High Water'다. 무슨 일이 닥치든 해낸다는 의미다. 터비가 며칠 안에 합법적으로 돈을 마련할 방법은 사실상 없다. "나의 부모님, 조부모님 모두 가난했다. 가난은 전염병과 같아서 주변 사람 모두에게 옮아간다. 내 자식에게만은 절대 물려주지 않겠다." 터비의 고백은 차라리 처연하다(무얼 해도 잘생긴 등장인물에게 한결같이 마음을 뺏기다니, 흔한 일이다).

영화의 배경인 텍사스는 배경 그 이상이다. 마치 사막과도 같이 끝없이 펼쳐지는 광활한 들판, 하늘과 지평선, 흙먼지를 날리며 그 사이를 가로지르는 자동차, 가끔 나타나는 소떼도 화면을 채운다. 말을 타고 소를 몰던 사람은 "21세기에 소몰이라니…"라며 자조 섞인 푸념을 한다. 휴게소에 말을 탄 사람들과 음악을 크게 켠 망나니들의 자동차가 섞여 있어도 이상하지 않은 곳이다. 도시는 대체로 쇠락했다. 죽어가는 도시라는 대사처럼 지나다니는 사람도, 차도 드물다. 동네 사람들은 총을 핸드폰처럼 스스럼없이 소지하고 다닌다. 그들은 은행 강도를 본 게 30년 만이라면서 신기한 기색이다. 경찰관이 은행 점원에게 범인의 인상착

의를 물으며 "블랙 오어 화이트?"라고 묻자, "스킨 오어 소울?"이라고 되묻는다. 44년째 같은 식당에서 서빙하며 나이든 할머니는 손님에게 다짜고짜 무엇을 먹지 않겠는지 말하라고 다그친다. 유일한 메뉴인 티본스테이크의 사이드 메뉴 중에 뺄 것을 물은 것이라는 의미를 알아차리는 동안 음료수와 고기 굽기 정도까지 마음대로 결정하고 사라진다. 강도가 나타나자 총을 든 주민들은 경찰보다 빠르게 추격에 나선다. 공권력에 기대지 않고 스스로 안전을 책임지던 옛 서부극의 풍경과 흡사하다.

황량한 풍경의 여백을 채우는 것은 '미국에서 제일 쉬운 대출', '담보 대출' 등의 은행 광고판이다. 과거엔 군대가 땅을 빼앗았지만 이제는 은행이 빼앗는 시대라는 대사는 결코 과장이 아니다. 형제의 변호인은 가난한 자의 땅을 차지하려는 은행의 횡포에 분노하며 그들을 돕는다. 텍사스의 황량한 자연과 도시, 그 속에서 살아가는 사람들의 풍경이 영화의 서사를 대변한다.

지리학자이자 사회이론가인 데이비드 하비는 그의 저서 『반란의 도시』(한상역 옮김, 에이도스, 2014)에서 금융제도가 어떻게 도시공간을 형성하고 쇠퇴시키는지 촘촘한 사례를 들어 설명하고 있다. 그에 따르면 도시란 잉여생산물이 사회적으로나 지리적으로 집적되는 과정에서 발생한 것으로 자본가는 도시공간의 형성에 필요한 것을 끊임없이 생산해 내야 한다. 자본주의 발전과 도시화 사이에는 떼려야 뗄 수 없는 관계가 형성되는 것이다. 현재의 도시 개발 붐은 새로운 금융기관과 금융제도를 통해 신용을 조직하는 방법으로 유지되었다.

합법적인 방식으로 땅을 약탈하려는 은행에 맞서 감행한 불법적인 강도행각은 형제의 뜻대로 되지는 않는다. 어디로 튈지 모르는 태너는 가는 곳마다 예상치 못한 사고를 치고, 형제는 강도를 당하는 사람들보다 더 허둥댄다. 심지어 목표로 한 은행이 폐쇄된 것을 알고 낙담하기도 한다. 한 노인은 아직도 은행을 털며 사냐고 훈시까지 한다. 더구나 은퇴를 앞둔 노련한 경찰관이 파트너와 함께 집요하게 그들을 쫓는다. 두 경찰관은 형제가 다음 목표지로 삼을 만한 은행 앞에서 잠복하기로 한다. 텅 빈 가로를 바라보며 무작정 범인을 기다리는 두 경찰, 마지막 은행털이를 앞두고 농장 집 테라스에 나란히 앉은 형제, 그들 앞에 누구에게나 공평하게 아름다운 석양이 드리운다. 다음날이면 형제가 원하는 목표액을 채우게 된다. 대출금을 갚고 유전이 묻힌 땅도 찾을 수 있다. 과연 터비의 꿈은 이루어질까. 누군가는 죽고 누군가는 살아남는다. 영화의 마지막 장면, 텍사스 평원을 향해 등장인물 중 한 명이 자동차를 타고 떠난다. 시종일관 광활한 풍경을 담던 카메라가 비로소 지면으로 내려온다. 거친 들풀 사이로 강렬한 햇빛이 부서지고 엔딩 크레디트가 오른다.

# 랜드마크 증후군

## 말하는 건축, 시티:홀

9회 말 동점, 2루에 주자가 나가 있는 상황에서 안타 하나로 경기가 끝나면 누가 패배의 책임을 져야 할까? 끝내기 안타를 친 선수는 기사의 헤드라인을 장식하지만 마무리 투수는 패배의 원흉으로 비난 받는다. 사실은 3시간이 넘는 경기의 고비마다 수많은 요인이 차곡차곡 쌓여 승부가 결정된 것인데도 말이다. 한 경기의 승패에는 선수의 컨디션, 수많은 작전, 순간적인 판단, 크고 작은 실수가 숨어 있다.

서울시청사는 이명박 시장에 의해 현재의 부지에 건립이 결정되었고, 3천억 원의 공사비를 들여 2012년 10월에 준공되었다. 준공된 지 3년이 넘었지만 서울시청사는 건립 과정부터 완공된 이후의 평가에 이르기까지 우호적인 시선을 찾아보기 어렵다. 사람 눈이 간사해서 이쯤 되면 익숙해질 법도 한데 측면의 사선 디자인은 여전히 거칠게 느껴지고 정면의 유리 곡면은 낯설기만 하다. 무엇이 잘못되었을까?

'말하는 건축 시티:홀'은 시청사 준공을 1년 앞둔 시점부터 완성되기까지의 과정을 다룬 다큐멘터리다. 9회말 2아웃 상황에서 시작하는 영화는 당시 시공 현장에서 벌어진 리얼한 상황과 지난 7년간 서울시청사를 둘러싸고 일어났던 복잡다기한 이야기를 함께 담고 있다. 정재은 감독은 '고양이를 부탁해'(2001)에서 서울의 주변부이자 어디로든 출발할 수 있는 인천이라는 도시의 특성을 등장인물의 심리 상태에 탁월하게 투영한 바 있다. 영화 개봉 이후 도시와 건축에 관심 있는 이들은 영화 속 주요 공간인 월미도, 차이나타운, 여객터미널, 폐철도 등을 답사하고 연구하기도 했다. 서울시청사를 다룬 다큐멘터리 이전 작으로는 건축가 정기용의 마지막 1년을 담은 '말하는 건축가'(2011)도 있다.

영화는 서울의 대표 경관을 스케치하며 시작한다. 서울역, 한강, 남산, 인왕산, 잠실운동장, 동대문디자인플라자를 차례로 보여주던 화면은 시청사 건설 현장의 하루가 시작되는 아침 체조 장면으로 이어진다. 주요 골조 공사가 완료된 현장에서 담당자들의 인터뷰를 통해 외부 마감 공사에 도입된 새로운 기법과 시공 과정이 소개된다. 영화는 최상층 다목적 홀의 내부 마감 공사에서 벌어지는 총괄 디자이너 팀과 시공사, 발주처, 감리사, 하청업체 간의 갈등과 조율 과정을 담고 있다. 계속되는 공정 회의의 살벌한 분위기, 공사가 늦어지는 데 따르는 책임 소재, 샵 드로잉과 설계 변경 과정 등도 보여준다. 총괄 건축가 팀의 의도대로 시공되지 않는 마감 디테일 문제로 결국 갈등은 증폭되기에 이른다. 여기까지만 보면 일반적인 시공 현장에서 벌어지는 상황과 크게 다르지 않다. 디자이너 입장에서는 원래의 의도대로 구현되기를 원하고, 발주처와 시공사 입장에서는 공기와 공사비 문제에서 자유로울 수 없다.

서울시청사 건설 과정에는 더욱 복잡한 배경이 깔려 있다. 일찌감치 시공사와 설계사가 턴키 방식으로 정해졌지만 수차례에 걸친 디자인 변경에도 불구하고 문화재위원회의 심의를 통과하지 못했다. 궁여지책으로 새로운 아이디어를 얻기 위해 초청 디자인 공모를 열었고 건축가 유걸의 안이 최종 결정된다. 한정된 공사비로 시공해야 하는 건설사, 자존심이 상한 채 실시 설계만 하게 된 기존 설계사, 아이디어만 제공하고 설계 발전 단계에는 참여하지 못하는 건축가, 이 와중에 공기를 맞추고 모든 상황을 조율해야 하는 감리사와 발주처의 입장이 서로 얽히게 된다. 공사가 시작된 지 한참 후에야 이와 같은 상황에 이의를 제기한 건축가가 총괄 디자이너라는 직함으로 현장에 참여하게 된다. 카메라는 누구의 편도 들지 않고 덤덤히 그들의 동선을 따라다니며 회의 장면과 시공 현장을 담는다. 서로의 입장이 모두 이해되기도 하지만 일방적으로 어느 편을 비난하기 힘든 상황이 답답하게 느껴진다. 대체 왜 이렇게까지 일이 흘러 왔는지 슬슬 화가 나기 시작한다. 어디서부터 잘못되었기에 애꿎은 실무자만 고생하고 있는가.

디자인이 확정되는 지난 7년여의 과정이 당시 행정 담당자, 현상 설계 총괄 코디네이터, 설계공모 심사위원, 공모전에 참여한 다른 건축가들의 인터뷰와 제출안 등으로 설명되고 기자와 시민들의 인터뷰도 이어진다. 두 전임 시장의 정치적 의도와 판단, 비용과 효율을 중시하는 시공−설계 일괄 입찰 방식(턴키), 문화재위원회와 서울시의 갈등을 해결하는 과정, 설계사가 정해진 상황에서 새로운 건축가를 초청한 상황, 조화보다는 충돌을 지향하고 미래 지향적인 개념을 추구한 건축가의 디자인, 안전한 안보다는 혁신적인 안을 선정했다고 고백한 심사위원의 판단 등 영화는 이 모든 과정들이 결과에 어떤 영향을 미쳤는지, 각각의 선택은 과연 적합했는지 관객에게 어려운 질문을 던진다. 공공 프로젝트에서 사회적 합의와 과정이 얼마나 중요한지는 알게 되었지만 그래도 답답하기는 마찬가지다. 한번 지어진 건조물은 서울의 얼굴이 되고, 천재지변이 일어나지 않는 한 우리는 계속 지켜봐야 한다. 영화의 마지막 부분에서 도입부와 마찬가지로 서울을 상징하는 여러 경관을 다시 차례대로 보여준다. 서울의 대표 경관에 시청사가 추가되었다는 의미로도 읽히지만, 더 이상의 랜드마크가 필요한지를 역설적으로 묻고 있는 것은 아닐까.

최근 발표된 서울역 고가 당선작을 비롯해 새로운 사업 계획들을 보면 서울은 여전히 상징과 새로운 실험에 목말라 있는 것 같다. 3년이 지나도록 눈에 익지 않는 시청사를 바라보는 일에 슬슬 지쳐 가는데 또 다른 낯선 경관에 감동할 준비가 되어 있는지 잘 모르겠다. 겉으로 드러난 경관 이면에 정치적 선택과 경직된 문제 해결 방식이 여전히 반복되고 있는 것은 아닌지 생각해봐야 한다. '말하지 않는 경관'에 오랜 시간 켜켜이 쌓인 장소의 역사성, 이용할 사람에 대한 배려 같은 것이 끼어들 틈은 과연 있는 것일까? 도시의 품격을 결정하는 것은 랜드마크가 아니다.

# 시티 오브 하이웨이

## 라라랜드

만약에 말이다. 이 영화의 배경이 LA가 아니라 뉴욕이었다면 어땠을까. 무명의 재즈 피아니스트와 배우 지망생 이야기라면 뉴욕이 더 어울리지 않을까. 영화에 자주 등장하는 그리피스 공원은 센트럴 파크로 바뀔 테다. 늘 막히는 도로 사정과 자동차 때문에 생기는 우연과 사건은 걷는 도시 뉴욕이라면 어떻게 변주될까. 이런 상상을 하게 만드는 '라라랜드'는 LA를 배경으로 한 달콤하고 아름다운 뮤지컬 영화다. 춤과 노래, 환상과 시공간의 압축으로 영화가 표현할 수 있는 최상의 마법을 펼쳐 보인다. 전통 재즈를 추구하는 세바스찬(라이언 고슬링 분)과 배우가 되기 위해 꿈의 도시로 온 미아(엠마 스톤 분)가 운명처럼 만나 사랑하고, 꿈으로 인해 좌절하며 방황하는 이야기다.

빵빵, 요란한 자동차 경적 소리로 영화가 시작한다. 자동차들이 끝이 보이지 않게 꼬리를 물고 정체된 채 하이웨이를 채우고 있다. 겨울임에도 28도까지 오른다는 라디오 방송이 흐르고, 형

96

형색색 갖가지 자동차에서는 서로 다른 음악이 터져 나온다. 한 여자가 자동차 밖으로 나오며 노래를 시작하자 수많은 사람이 쏟아져 나와 도로와 자동차를 무대로 한바탕 신나는 군무를 펼친다. 실제 도로에서 촬영한 이 경이로운 오프닝 시퀀스가 끝날 즈음 하이웨이 뒤로 광활하게 펼쳐진 LA 시가지가 보인다. 일반적인 화면보다 가로가 더 넓은 시네마스코프 방식(2.35:1)은 수평적인 도시 LA를 효과적으로 전시한다. 온화한 기후 조건, 다양성, 가변성, 수평성, 열정, 자동차 그리고 하이웨이. 첫 시퀀스에서 LA의 도시 성격을 요약하는 셈이다.

정체가 풀린 후 세바스찬과 미아는 운전석에 앉은 채 서로 스쳐지나간다. 그들이 다시 스치는 곳은 미아의 차가 견인당한 후 터덜터덜 걷다가 우연히 피아노 소리에 끌려서 들어가게 된 바. 다시 만나 서로에게 호감을 갖고 시간을 보내게 된 것도 자동차 열쇠와 주차된 자동차 때문. 세월이 한참 지난 후의 재회도 차가 막혀 샛길로 빠진 것이 계기였으니 이 영화의 주요 사건은 대체로 자동차와 막힌 도로 덕에 일어난다.

영화 속 LA의 대표 이미지는 그리피스 공원에서 내려다보이는 넓게 펼쳐진 경관이다. 포스터에도 이 배경이 담겨 있는데, 대도시라고 믿기 어려울 정도로 평평하다. 세바스찬과 미아는 도시를 내려다보며 "시시하다", "볼 게 없다"고 말한다. 심지어 낮에도 최악이라고 평한다. 가로 경관도 미술관과 카페를 지나 공원으로 이어지는 보행 친화적인 뉴욕과 대조적이다. 휴먼 스케일의 뉴욕에 비해 자동차 중심 도시 LA의 가로 경관 단위는 거대하고 파편적이다. 자동차 속도에 최적화된 경관이다. 가장 활기찬 가로가 등장하는 장면은 영화 제작사 내 촬영장인 가상의 공간이다. LA는 도시 자체가 거대한 테마파크라고 표현한 에드워드 소자Edward Soja의 지적대로, 과장된 입면이나 다분히 키치스러운 벽화가 자주 등장한다. 영화 속에서 파리가 센 강과 에펠탑으로 묘사되는 가운데 LA는 하이웨이와 오렌지 나무로 재현된다. LA는 언제부터, 왜, 자동차와 하이웨이의 도시가 되었는가.

버제스Ernest Burgess가 시카고를 연구 대상으로 분석한 전통적인 도시는 동심원 구조다. 중심이 확실한 자리를 잡고 확대되어 가면서 도시가 발달한다는 개념이다. 시카고나 뉴욕 같은 전통적인 고밀도 도시와 달리 LA는 많은 교외 도시가 발달한 저밀도의 확산형 도시다. 1920년대까지는 지하철과 도시 간 대중 교통수단이 일반적이었으나 철도 시스템을 포기하고 자동차 의존 도시로 탈바꿈했다. 1930년대 대공황 때 자동차와 관련 공장들이 LA에 들어섰으며 도로는 포드사 자동차로 채워졌다. 자동차 제조업과 대량 생산, 교외화 전략, 양호한 자연 환경이 LA를 수평적으로 확산시켰다. 그러나 프리웨이 시스템 역시 1970년대 이후 쇠퇴하기 시작한다. 인플레이션 때문에 건설 비용이 상승하여 도로 계획이 실패했고 기존 도로망이 정체되기 시작했다. 영화에서 보이는 교통 상황은 이와 같은 현실을 단적으로 보여준다.*

황무지 위에 세운 거대한 영화 산업으로 대표되는 도시, 속도와 편리를 지향하는 자동차의 도시. 영화는 가상과 현실, 전통과 혁명이 공존하는 LA의 경관을 때로는 매력적으로, 때로는 황량하게 그린다. 오래된 극장이 문을 닫고 전통 재즈가 역사 속으로 묻히는 것을 아쉬워하며 세바스찬은 도시성을 이렇게 요약한다.

"LA에서는 무엇이든 숭배하지만 소중한 것은 없다." 세바스찬과 미아는 각자의 꿈 때문에 좌절하고 머뭇거리다 결국 그리피스 공원에 앉아 이렇게 묻는다. "지금 우리는 어디 있는 걸까?" 각자 원하는 것을 성취하면 행복해질까. 두 사람 앞에는 평평한 시가지가 무심히 펼쳐져 있다.

처음 봤을 땐 그저 황홀했고, 두 번째는 쓸쓸했다. 세 번째인 오늘, 자동차 경적 소리가 들릴 때부터 가슴이 콩닥거렸다. 미아가 이제 다시는 바보처럼 꿈 따위를 꾸지 않겠다고 말할 때, 마지막 오디션에서 모든 것을 내려놓고 진심으로 노래할 때, 거짓말처럼 매번 눈물이 났다. 영화의 대반전을 담당하는 '만약에 시퀀스'의 키스 장면, 앞으로 열 번을 더 봐도 가슴이 쿵하고 내려앉을 것 같다. 만약에 그때 그랬더라면, 만약에 그때 그러지 않았더라면, 오늘, 행복에 얼마나 더 가까이 가 있을까.

---

* 대표적인 포스트모던 지리학자인 에드워드 소자(Edward Soja)는
  LA의 생성과 재구조화에 대해 꾸준히 연구하고 있다.
  *Postmodern Geographies*(1989)부터 최근작인 *My Los Angeles*(2014)까지.

# 시간

영화는 시간의 압축을 효과적으로 보여주는 매체다.
짧은 시간 동안 한 사람의 생애나
인류의 흔적을 횡단할 수 있다.
과거와 현재, 실제와 환상을 체험할 수도 있다.
다행히 현실에서는 고단한 인생이건 빛나는 인생이건
시간은 공평하게 흐른다.

> "
> 이상을 너무 높이 가진 채 결과에만 목매기엔
> 인생이 너무 길고, 견딜 수 없을 만큼 고단하다.
> 과정이라도 빛나지 않는다면,
> 그 긴 시간과 그 많은 사람들의 노력이 너무 아깝지 않은가.
> "

버드맨 중에서

# 시간의 이중주

## 보이후드

'비포 선라이즈Before Sunrise'(1995), '비포 선셋Before Sunset'(2004), '비포 미드나잇Before Midnight'(2013)은 리처드 링클레이터Richard Linklater 감독이 같은 배우들과 9년에 한 번씩 만든 세 편의 영화다. 주인공 제시와 셀린느는 기차에서 처음 만나 오스트리아 빈에서 하루를 보내고 9년 만에 프랑스 파리에서 재회하며, 다시 9년 후엔 부부가 되어 그리스 카르다밀리Kardamili의 해변 마을을 여행한다. 20대의 풋풋한 주인공들은 빈의 프라터Prater 공원의 대회전차에서 첫 키스와 함께 사랑을 확인한다. 정해진 여정을 깨고 그들이 찾는 놀이 공원은 어른도 아이가 되는 판타지의 장소다. 30대가 되어 다시 만난 그들은 파리의 오래된 골목과, 철로를 공원으로 조성한 프롬나드 플랑테를 걷는다. 그들이 걷는 긴 선형의 동선만큼 지나온 삶과 미래의 여정은 시작과 끝을 알 수 없다. 다시 9년 후, 그들은 두 딸과 함께 그리스 해변 마을을 여행하며 폐허가 된 유적지인 메소니Methoni 성을 걷는다. 한때 찬

란한 문화를 꽃피운 빛나던 장소는 이제 수많은 전쟁으로 폐허가 되었지만 시간의 흔적만으로도 가치를 지닌다. 그들은 20대처럼 풋풋한 사랑을 속삭이지 않고 30대처럼 꿈과 야망을 이야기하지 않지만, 그들의 긴 역사가 고스란히 쌓여서 젊음보다 더 빛나는 40대의 삶을 이야기한다. 비포 시리즈의 시간은 관객이 실제 체험하는 시간과 같다. 영화를 세 편 보는 동안 관객도 열여덟 살의 나이를 먹었다.

2014년, 리처드 링클레이터 감독은 시간을 모티브로 새로운 영화적 실험을 선보였다. 그의 신작 '보이후드Boyhood'는 12년 동안 같은 배우들과 매해 늦여름에 일주일씩 만나서 완성한 영화다. 관객이 영화를 보는 세 시간 동안 영화에서는 12년의 세월이 흐른다. 주인공 메이슨은 잔디밭에 드러누운 앳된 여섯 살 꼬마에서(첫 장면이자 포스터에 담긴 장면) 영화가 끝날 때는 열여덟 살 청년이되어 있다. 다음 해로 넘어갈 때는 특별한 메시지 없이 바로 그다음 날처럼 부드럽게 연결된다. 2014년에서 하루 잤을 뿐인데 일어나보니 2015년이 되는 것처럼 말이다. 배우들이 분장하지 않아도 되니 1년 후라는 메시지가 어쩌면 필요 없을지 모른다. 어느 해에는 여드름이 늘어난, 또 어느 해에는 중저음의 변성기가 온 메이슨이 등장한다. 감독의 실제 딸인 깍쟁이 누나는 통통한 귀염둥이에서 치아 교정기를 낀 사춘기 소녀로, 시니컬한 대학생으로 성장한다.

영화는 주인공 메이슨의 일상과 시선을 중심으로 그려진다. 일주일에 한 번 들리는 아버지가 엄마와 다투는 모습을 메이슨은 누나와 함께 2층 방에서 내려다본다. 두 아이를 맡아 키우는 엄마는 생계를 위해 공부하고 일하며, 두 번 더 결혼하지만 결국 혼자 남는다. 철없어 보이는 아버지는 매주 아이들과 캠핑을 가거나 볼링을 치러 간다. 아이들은 엄마의 생계형 돌봄과 아버지와의 위락 활동과 조언으로 성장한다. 영화를 보다 보면 어릴 때 동생과 토닥거리며 지내던 영화 속 누나이기도 했다가 아이들 걱정에 잔소리를 늘어놓는 엄마가 되기도 하면서 그들과 함께 12년을 산 것처럼 느껴진다. 같은 상영 시간 동안 '인터스텔라'는 웜홀을 다녀왔지만 보이후드에서는 아이들이 컸을 뿐이다. 특별한 사건도, 특별히 감동을 주는 장면도 없다. 그저 아이들이 자랐다. 무사히. 어느 해에 무슨 일이 있었는지 정확히 기억나지 않지만 어쨌든 아이들이 자랐다. 무사히. 일상의 시간이 흘러가는 것만으로 영화가 되고 감동이 된다.

감독은 패트리샤 아퀘트Patricia Arquette에게 앞으로 12년 동안 무엇을 할 계획이냐고 물었다. 그 후 그녀는 1년에 한 주씩 메이슨의 엄마로 살았다. 긴 시간 동안 같은 사람들이 모여 한 편의 영화를 만드는 발상과 실천은 과연 경이롭다. 어른의 12년이란 얼마나 많은 변수의 연속인가. 어떤 신뢰와 애정이 이런 실험을 가능하도록 만들었을까. 뜻이 맞는 좋은 사람들이 모여 하나의 프로젝트를 십 년이 넘도록 해 나가는 일이 우리 분야에서도 가능할까 하는 행복한 상상을 해 보았다. 18년간 비포 시리즈에서 변한 모습을 9년의 마디로 보여주었던 에단 호크Ethan Hawke가 이 영화에서는 메이슨의 아버지로 등장해 12년의 변화를 보여준다. 좋은 일 나쁜 일 함께 나누며 같이 나이 들어가는 오랜 친구처럼 에단 호크의 주름은 비포 시리즈보다 덜 낯설고 더 따

듯하다.

소설가이자 비평가인 수전 손택Susan Sontag이 표현한 것처럼 시간이 흐를수록 기억한다는 것은 어떤 이야기를 떠올린다기보다 어떤 사진을 불러내는 것 같다. 길고 긴 여백을 촘촘히 채웠던 수많은 이야기는 다 어디로 갔을까. 인생이라는 긴 시간은 변곡점과 그 사이를 이어주는 끈으로 조직된다. 비포 시리즈가 특별한 날 멋진 옷을 입고 근사한 곳에서 찍은 기념사진이라면, 보이후드는 지나고 나면 별것 아닌 일들로 울고 웃었던 자잘한 일상을 적은 일기 같다.

대학생이 된 메이슨은 엄마 품을 떠나 낯선 도시에 도착해서 기숙사에 짐을 푼다. 새로 만난 친구들과 오리엔테이션을 빼먹고 학교 근처 산에 올라 석양을 보며 영화가 끝난다. 그는 앞으로의 꿈을 이야기하며 벅차고 설레지만 그의 미래가 생각만큼 빛나지만은 않을 것임을 그 시절을 통과해 온 우리는 알고 있다.

오로지 잘 버티기를, 게다가 무사하기를, 올해도 우리 모두 안녕하기를.

# 유산, 현대적 재해석

**디올 앤 아이**

요즘 설계공모 출품을 준비 중이다. 기존에 진행하던 프로젝트들까지 갑자기 바빠지는 바람에 여유롭게 설계공모에 집중하려던 계획은 보기 좋게 깨졌다. 한쪽에서는 공개공지 녹지 면적이 부족해서 머리를 짜는 중이다. 건축 심의 담당자는 말도 안 되는 위치에 벤치를 놓으라고 한다. 담당 스태프는 건축 실무팀과 온종일 통화만 하다 시간을 다 보내고 있다. 다른 한쪽에서는 설계공모를 위해 몇 가지 가능성을 놓고 토론 중이다. 여러 층의 역사가 쌓인 대상지에 어떻게 현대성을 담아낼지, 광역적으로는 어떤 비전을 제시할지를 놓고 논의가 한창이다. 마감이 얼마 남지 않았는데 서로 다른 의견을 설득하거나 절충하면서 계획안은 하루에도 몇 번씩 뒤바뀌고 있다. 실질적인 프로젝트와 설계공모, 부족한 녹지 면적 2m²와 서울시 광역 계획, 벤치와 대한제국, 역사와 현대성 등 간극이 큰 키워드 사이에서 방황하는 동안 여름에서 가을로 접어들고 있다.

경관을 만드는 작업은 매번 새로운 사람과 만나서 새로운 조건의 일을 수행해야 하는 일련의 프로세스 자체를 디자인하는 일이다. 홀로 앉아 디자인하는 시간보다 협의하고 수정하고 함께 결론에 도달하는 과정에 더 많은 시간과 에너지가 필요하다. 외적 소통뿐 아니라 내부 스태프와의 협업도 중요하다. 영화 '디올 앤 아이'는 오트 쿠튀르haute coutre 컬렉션을 준비하는 과정을 담은 다큐멘터리다. 영화를 통해 옷이든 경관이든 새로운 것을 창조하는 작업이란 서로 다른 것과의 충돌에서 융합에 이르는 힘겨운 여정이라는 공통점을 발견할 수 있다.

영화 포스터를 보면 빨간 드레스의 고혹적 모델 옆모습이 눈을 사로잡는다. 그 옆에선 걱정스러운 표정의 한 남자와 재단사들이 드레스 제작에 집중하고 있다. 하나의 매혹적인 결과물을 세상에 내놓기 위한 뒷이야기를 보여줄 것이라는 암시다. 영화가 시작되면 크리스챤 디올Christian Dior의 생전 모습과 그가 꿈꾸었던 패션의 이상이 자료 화면으로 펼쳐진다. 파리 크리스챤 디올 하우스의 화려한 외관이 소개되고, 바로 다음에 이어지는 장면은 하얀 작업복을 입은 재단사들로 분주한 재단실 풍경이다. 고풍스러운 외관과 달리 이 작업실은 여느 봉제 공장과 다를 바 없다. 낮은 층고, 환한 조명, 작업대 위의 천 조각들. 창에 비친 앞 건물의 풍경만 아니라면 만리동이나 창신동도 비슷하지 않을까.

재단사 중에는 40년 넘게 일해 온 사람도 있고 디올 생전에는 태어나지도 않았던 신입도 있다. 디올의 전통을 이어갈 새로운 수석 디자이너 라프 시몬스Raf Simons가 그들에게 소개된다. 서툰 불어로 인사하는 벨기에인 라프는 질 샌더의 수석 디자이너 출신으로 미니멀리즘을 추구하는 남성복을 주로 만들어왔다. 여성성을 강조하는 풍부한 장식으로 대표되는 디올의 철학과는 완전히 상반되는 인물이다. 넉넉한 시간을 두고 미니멀한 남자 기성복을 만들던 사람이 촉박한 시간에 여성성을 강조하는 맞춤복을 만들어야 한다. 게다가 8주 만에 오트 쿠튀르 컬렉션을 준비해야 한다. 라프는 극심한 스트레스와 불안에 시달린다.

영화는 작업 방식이 서로 다른 새로운 수석 디자이너와 오래된 장인들이 어떻게 오트 쿠튀르를 준비해 나가는지 그 과정을 보여준다. 당연히 그들의 협업은 순조롭지만은 않다. 불어에 서툰 수석 디자이너는 조력자가 없으면 스태프들과 소통이 힘들다. 원단 제조사도 기존의 방식과 다른 요구에 난색을 표한다. 컬렉션 준비 외에 기존 고객과의 약속도 지켜야 한다. 고객을 만나기 위해 수석 재단사가 뉴욕으로 출장을 가는 바람에 일정에 차질이 생기는 상황을 라프는 이해하기 힘들다.

서로 다른 그들을 하나로 묶는 것은 다름 아닌 디올의 전통이다. 디올의 전기를 바탕으로 한 내레이션이 오버랩되면서 이러한 충돌과 긴장은 창조의 과정에서 늘 있었던 일임을 알려준다. 라프는 콘셉트를 도출하는 과정에서 디올의 유산을 이해하려고 노력한다. 디올의 작품을 분석하고 생가를 방문하여 디올의 원천이 무엇인지 찾아내고자 한다. 유산을 현대화하는 것, 그가 풀어야 할 미션이다. 그는 디올의 유산이 여전히 동시대적이라는 것을 발견하고 유산의 현대화 작업에 급진적으로 접근한다. 미션을 풀어갈 실마리를 이렇게 묘사한다. "그 시대의 특별한 점과 현재의 것을 나란히 하는 것, 그 자체가 현대적이다."

수석 디자이너는 자료를 모으고 분석하여 12개의 콘셉트를 도출하고, 디자이너들은 수백 개의 대안 스케치를 그린다. 벽에 12개의 콘셉트를 붙여 놓고 토론하며 최종 컬렉션에 나갈 디자인을 정한다. 재단사는 여러 대안 중 마음에 드는 스케치를 골라서 아이디어를 덧붙이며 발전시켜 나간다. 설치미술가인 스털링 루비의 작품에서 영감을 받아 제작한 시험용 종이 프린트가 옷감이 되고 화려한 드레스로 변모하는 과정은 감탄을 자아내게 한다. 흰 재킷에 스프레이를 뿌려 검은색으로 실험해보거나 모델에게 드레스를 입힌 채 이리저리 가위로 자르고 덧대면서 디자인을 완성해 가는 과정도 인상적이다.

컬렉션 당일, 수석 디자이너는 몰려든 기자들을 피해 옥상에 올라가 잠시 숨을 고르며 불안감을 감추지만 끝내 무대 인사를 앞두고 눈시울을 적신다. 성공적인 컬렉션이 있기까지 많은 사람의 노고가 합쳐졌다. 오랜 시간 같이 일해 온 조력자는 그를 도와 스태프들과 소통하고 밤을 새워 작은 장식까지 한 땀 한 땀 만들어간다. 각자의 일에 최선을 다하는 재단사들은 디올의 정신을 이어 간다는 자긍심으로 충만하다. A+B를 통해 완전히 새로운 C를 창조하기 위해서는 유산에 대한 이해와 혁신적인 창의력, 그리고 존중과 이해에 바탕을 둔 협력이 필요하다는 것을 일깨워주는 영화다. 컬렉션이 열리는 장소는 한 저택으로 베르사유 궁에서 영감을 받아 생화로 방안을 채운다. 어마어마한 양의 꽃으로 벽면을 장식한 방에서 열리는 컬렉션 실황은 덤이다.

# 이상한 나라의 시간여행

**인터스텔라**

'인터스텔라Interstellar'는 위기에 빠진 지구를 대체할 행성을 찾기 위해 웜홀worm hole을 통해 시공간을 여행하는 탐험담이다. '웜홀', 낯선 용어지만 어디선가 본 듯하다. '이상한 나라의 폴'의 주인공 폴이 딱부리, 삐삐, 찌찌와 함께 힘을 모아 대마왕으로부터 니나를 구하기 위해 통과했던 시간의 문이 웜홀 아니었을까? 찌찌가 요상한 봉을 휘두르면 현실의 시간이 정지되고 시간의 문을 통해서 어른들은 모르는 4차원의 세계로 간다. 제한된 시간 동안 모험을 펼치다가 다시 현실 세계로 돌아오곤 하던 '이상한 나라의 폴'은 오래전에 좋아했던 애니메이션이다. 폴 일행은 4차원 마법의 세계에서 한참을 헤매다 돌아오지만 현실의 시간은 그대로 멈추어 있다. 알지 못하는 사이 이미 상대성 이론을 예습했다니 놀랍다.

SF영화에서 위기에 빠진 지구를 '구하는' 경우는 흔히 보았기에 '버리는' 구상이 일단 신선하다. 과학의 발달과 지구 환경의 변화로 볼 때 미래의 시간대로 보이지만, 주인공 가족이 사는 집, 시내, 야구장의 풍경은 니나를 구하러 다니던 폴이 활약했던 20세기 중후반의 풍경과 다르지 않다. 웜홀을 통과해 새로운 땅을 찾으러 다닐 정도로 기술이 발달한 시대에 바람이 다소 많이 분다고 산소가 부족하다고 지구를 버릴 구상을 하다니, 대마왕의 손아귀에서 니나를 구하는 일보다 더 무모한 일이 아닐까 싶다. 행성 집단 이주 계획이라는 어마무시한 계획을 세우면서 변변한 엔지니어 한 명 찾지 않고 남자 주인공이 제 발로 찾아올 때까지 기다리고 있다니, 차라리 찌찌의 요술봉을 찾으러 다니는 편이 빠르지 않았을까. 납득하기 힘든 부분이 있지만 인터스텔라는 상상의 한계를 뛰어넘는 경이의 세계를 보여주며 관객의 넋을 빼놓는다.

크리스토퍼 놀란Christopher Nolan 감독은 '메멘토Memento'에서는 기억을, '인셉션Inception'에서는 무의식과 꿈의 세계를 다루었다. 특히 인셉션에서는 무의식의 세계를 시각적으로 재현하는 탁월한 솜씨를 보여준 바 있다. 인셉션의 복잡한 스토리는 기억나지 않아도 도시의 풍경이 그대로 접히던 그 아찔한 장면은 절대 잊을 수 없다. 인터스텔라는 상상력에 과학을 접목해 감독의 전작을 뛰어넘는 그 이상을 표현하고 있다. 먼지로 뒤덮인 지구, 입체적인 웜홀, 파도가 산처럼 보이는 물로 뒤덮인 행성, 구름까지 꽁꽁 얼어붙어 하늘과 땅이 이어진 것 같은 얼음 행성, 그리고 그 문제적 장면인 블랙홀까지. 지구의 환경오염 때문에 다른 행성을 찾아다니지만, 그들에게 닥치는 시련이란 외계인과의 조우도 대마왕의 공격도 아닌 또 다른 이름의 환경 재앙이다.

단 한 장의 사진으로 인터스텔라를 기억하게 된다면 단연 블랙홀 속으로 주인공이 떨어지는 장면 아닐까 싶다. 폴이 넘나들던 4차원의 세계가 아니라 5차원을 시각적으로 표현한 블랙홀 묘사는 관객을 충격과 황당함에 휩싸이게 한다. 오히려 영화를 보고나서야 그 의미를 다시 생각해보게 만든다. 이러한 환기 효과는 이 영화의 장점 중 하나라고 생각한다. 주인공은 사랑하는 가족을 구하기 위해 새로운 장소를 찾아 멀리 떠나지만 가장 익숙한 '그곳'에 해법이 있었음을 너무 늦게야 깨닫는다. 기억이 적층된 블랙홀의 묘사는 감독이 일찍이 메멘토와 인셉션에서 쌓아 두었던 내공이 폭발하는 장면이다. 영화의 후반부에 등장하는 예전 집과 야구장은 주인공이 꿈에 그리던 고향 집과 행복한 여가를 즐기던 상징적인 장소지만 기억과 흔적이 소거된 모사품에 지나지 않는다. 다른 행성에서 누군가 기다린다고 알려주지 않았더라도 그는 과연 사랑하는 사람이 모두 떠난 가짜의 장소에서 행복할 수 있을까?

영화에서 장소를 보여주는 방식도 눈여겨볼 만하다. 웜홀을 통과하는 극적인 순간, 우주 공간에서 파편이 쏟아지는 위험천만한 순간, 창문 너머 야구장이 보이는 평화로운 순간까지 중요한 순간마다 주인공의 시점으로 관객이 보게 된다. 이러한 시점 숏은 관객이 한 발자국 떨어져 사건을 관조하는 것이 아니라 직접 체험하는 느낌을 갖게 한다. 우주에서 벌어지는 사건 사고들은 등장인물들이 보는 대로 우주선 창을 통해 보이고 그들이 받는 진동과 충격은 현실감 있게 전달된다. 지구와 조난자를 멀리서 보여주며 배경과 대상을 대비시켰던 알폰소 쿠아론 감독의

'그래비티Gravity'에서는 광활한 우주에서의 고립감이 강조되었다면, 인터스텔라에서는 사실적인 긴장감이 영화를 보는 내내 관객을 지배한다. 특히 끝도 모를 블랙홀에서의 아득한 전율은 생생하다.

영화는 이 밖에도 시공간 여행을 통해 시간의 압축과 변형이 어떤 영향을 미치는지 매우 극적으로 묘사하고 있다. 물로 가득한 행성에서 그들이 보내는 한 시간은 지구 시간으로 7년이다. 단 몇 시간 동안 물 행성을 탐사하고 돌아왔을 뿐인데 우주 정거장에서 그의 동료는 23년을 꼬박 기다린 후다. 지구에 남은 아이들은 지구를 떠날 때의 아버지 나이가 되어 있다. 긴 시간 동안 딸과 아들은 아버지의 생사를 모른 채 그리워하며 영상편지를 보낸다. 주인공이 울면서 그 장면을 보는 장면은 아무리 신파같아도 뭉클하다.

170분의 우주 여행을 마치고 지구로 귀환하니 태양이 지구 반대편에 있었다. 폴이 끝내 대마왕의 손아귀에서 청순가련한 니나를 구했는지 뜬금없이 궁금해서 검색해봤다. 단벌 신사 폴은 여전히 '청청 패션'이었고, 오랜만에 본 찌찌와 삐삐도 반가웠다. 그들은 그대로인데 나만 시간 여행을 한 듯 너무 멀리 온 것은 아닌지 잠시 아득했다.

# 집으로 가는 여정

## 라이언

구글 어스로 고향 집을 찾은 실화를 그린 '라이언'을 보고나면 새삼 어릴 적 동네가 궁금해진다. 로드뷰로 찾아보니 초등학교 때 살던 동네가 아파트 단지로 변해 있다. 작은 마당이 있던 우리 집은 큰 대문 집 옆으로 난 골목의 네 번째 집이었다. 눈이 오면 눈싸움을 하거나 연탄재를 눈에 굴려 이글루를 만들며 놀았다. 술래잡기, 배드민턴, 고무공으로 하는 미니 야구, 골목에서 놀거리는 늘 풍성했다. 셔틀콕이나 고무공이 큰 대문 집 담장을 넘어가면 가슴 졸이며 벨을 눌렀다. 커다란 개가 컹컹 짖어댔다. 중학생이던 어느 날, 나와 남동생은 늘 함께 놀던 첫 번째, 세 번째 집 남매들과 술래잡기를 했다. 캄캄할 때까지 놀다가 우리 집 남매가 서로 충돌해 동생 이마가 찢어지고 내 앞니 두 개가 부러진 참사가 일어났다. 당시 고등학생이던 옆집 오빠는 훗날 공군 사관생도가 되었는데, 어른이 된 한참 후까지 내 가짜 앞니를 놀렸다. 그 모든 추억이 '래미안'이라는 새 이름표를 달고 봉인되어 있었다. 영화 '라이언'의 주인공은 들판과 골목과 집이 25년 후에도 예전 그대로 남아있어서 고향을 찾을 수 있었다. 구글 어스로 주인공이 예전 기억을 확인하는 장면은, 이제는 사라져버린 나의 작은 골목을 떠오르게 만든다.

영화는 1986년 인도 중부 지역 칸드와에서 시작한다. 항공 사진으로 보는 지구촌 곳곳의 풍경은 자연이 그린 무늬, 마치 한 폭의 추상화 같다. 광활한 들판에 점으로 보이는 다섯 살 사루의 모습이 나비를 쫓는 맑은 눈망울을 가진 귀여운 꼬마로 점점 확대된다. 사루는 형과 함께 달리는 기차에서 석탄을 훔쳐 우유 두 봉지와 바꾼 후 집으로 간다. 굴다리를 지나 댐을 건너고 나무가 듬성듬성 있는 넓은 들판을 달려가면 작은 마을이 나온다. 좁은 골목을 이리저리 돌아 엄마와 여동생과 함께 사는 집에 도착한다. 어느 날 밤, 사루는 일하러 가는 형을 따라나선다. 기차 타고 몇 정거장 가서 내린 후, 잠이 덜 깬 사루를 잠시 벤치에 눕혀두고 형은 기찻길을 건너간다. 잠에서 깬 사루는 텅 빈 플랫폼에서 형을 찾지만 기찻길 옆에는 커다란 물탱크만 을씨년스럽게 서 있을 뿐이다. 사루는 형을 기다리다 지쳐 정차해 있는 기차에 들어가 다시 잠든다. 잠에서 깨어났을 때는 이미 기차가 어느 산 속을 지나고 있다. 두 번의 밤과 낮을 지나 사루의 고향 마을에서 1,600km 떨어진 콜카타에 도착하자 비로소 기차 문이 열린다.

힌디어를 쓰는 사루가 벵골어를 쓰는 콜카타에서 집을 찾기란 불가능에 가깝다. 사루가 말하는 '카네스탈리'라는 동네를, 경찰도 알지 못한다. 부모를 찾는다는 신문 광고도 소용이 없다. 돌을 날라 생계를 꾸리는 사루의 엄마는 문맹이다. 인도에서 사루처럼 미아가 되는 아이가 해마다 8만 명에 이른다고 한다. 세계에서 두 번째로 많은 인구를 가진 나라 인도, 사용 언어가 3천 개가 넘으며 10만 명 이상 사용하는 언어도 216개에 이른다. 헌법이 지정한 언어만 해도 22개다. 인도는 아시아에서 가장 복잡하고 오래된 철도망을 가지고 있다. 6천 개가 넘는 역사와 총연장 6만km에 달하는 철도, 하루 천만 명 이상이 기차를 이용한다. 1853년, 일찍이 동인도철도회사에 의해 철도가 개통되었다. 영국 식민 정부가 철도를 부설한 것은 제한된 병력으로 광대한 인도를 효율적으로 지배하기 위한 군사적인 목적이었지만, 철도망은 많은 인구와 언어를 통합하고 근대의 기틀을 마련하는 데 큰 기여를 하게 된다. 인도에서 철도는 역사와 사회 그 자체이며 철도가 없었다면 통일 인도가 불가능했다는 평가를 받는다.

사루는 기차에 올라탄 바람에 미아가 되었지만 집을 찾게 된 데도 철도의 역할이 크다. 호주로 입양된 지 25년이 흐른 어느 날, 인도 친구들과 모인 자리에서 우연히 고향을 찾을 수 있는 실마리를 얻는다. '세상 어디든 볼 수 있다'는 구글 어스를 통해 기차 속도에 시간을 곱하면 수색 반경이 나올 것이라는 조언을 듣는다. 사루는 당시 열차 속도를 검색한 후 2박 3일의 시간을 곱해서 범위를 정하고 물탱크가 있던 플랫폼을 찾기 시작한다. 콜카타는 인도의 동쪽 끝에 위치해서 서쪽으로 뻗은 철도를 검색하면 될 것 같지만, 거미줄처럼 얽힌 철도와 엄청난 수의 역사를 하나하나 확인하기란 쉬운 일이 아니다. 2년 넘도록 찾은 끝에 결국 어릴 때 놀던 구불구불한 강줄기와 물탱크가 선명히 보이는 역을 발견한다. 지도의 2차원 평면과 3차원으로 복원되는 기억의 풍경이 교차하는 장면, 벅찬 감동을 준다. 긴 그리움의 여정이 좁은 골목을 돌고 돌아 손바닥 모양의 커서에서 드디어 멈춘다. 그 작은 손바닥 안에 엄마가 있다. 실화가 주는 감동은 그 어떤 픽션보다 묵직하다. 영화 '프란시스 하'처럼 제목이 왜 '라이언'인지는 맨 마지막에 알 수 있다.

구글 어스를 처음 접했을 때가 생각난다. 동그란 지구가 빙글빙글 돌다 내가 찾는 장소로 빨려 들어가듯 지상으로 내려가는 짧은 순간, 멀미가 났다. 내가 사는 곳과 내가 지나온 곳, 그리고 가보고 싶은 미지의 땅이 빙글빙글 도는 초록 구슬 안에서는 작은 점 그 이상도 이하도 아니다. 사루가 집을 찾은 건 다행이지만, 가만히 앉아서 세상 어디든 볼 수 있게 된 우리가 얼마나 더 행복해졌는지는 아직 잘 모르겠다.

# 지난한 과정의 미덕

## 버드맨

서울역 고가 현상설계에 건축가 조성룡 팀으로 참여하고 있다. 프레젠테이션 당일 새벽, 최종 발표 자료와 함께 제출할 모델을 마무리 중이다. 한편에서는 모델 사진 촬영을 위해 조명 세팅이 한창이다. 새로 만들 건물과 기존 건물을 어떻게 구분하여 표현할지, 나무는 철사로 만들지 아니면 이쑤시개로 만들지 시험하고 있다. 메이플로 제작된 베이스는 무게도 엄청날 뿐더러 크기도 3m가 넘어서 어떻게 운반할지도 걱정거리다. 24시간 영업하는 분식집에서 사온 떡볶이를 안주 삼아 맥주를 한 잔 걸치니 지난 몇 달간의 작업이 몇 시간 후면 끝난다는 설렘에 곧 다가올 긴장도 잠시 잊게 된다. "설마 비 오는 건 아니겠지?"라고 누군가 우스갯소리를 한 것 같은데 아침이 되자 거짓말처럼 비가 왔다. 부랴부랴 덮개가 있는 용달차로 변경하고 계획보다 한 시간 일찍 출발하기로 했다. 시청에 먼저 도착해서 심사장 주변에 화물용 엘리베이터로 올라올 모델 운반 동선을 파악하고 마무리 작업할 공간을 확보해 두었다. 다행히 늦지 않게 모델이 도착했고 막내 스태프는 칼과 본드가 든 주사기를 들고 분주하게 움직였다. 그 찰나에 오래전 잠원동 건축사무소에서 보낸 막내 시절이 생각났다. 담배 연기로 자욱한 사무실에서 밤새도록 연필 가루와 본드 냄새에 빠져 지내던 시절, "나는 서른 살이 되기 전에 각혈하며 장렬히 전사할 것 같아"라고 푸념하며 지냈다. 동기들은 '조경'하고 있는데 나는 왜 매일 스티로폼을 자르고 창문틀이나 붙이고 있는지 알 수 없었다. 그 후로 징그럽게 오랜 시간 동안 '조경'하며 살게 될지 그 시절에는 몰랐다. 이제 심사장으로 들어갈 시간이다. 여러 명이 힘을 모아 육중한 모델을 옮긴다. 드디어 그동안 들인 노력에 대해 평가 받는 시간이 되었다. 결과와 상관없이 최선을 다한 과정이 중요하다는 판에 박힌 표현이 냉정한 프로의 세계에 과연 적합할까? 누구나 인정받기 원하고, 무엇보다 자기 자신에게 떳떳하고 싶지 않은가.

여기 타인에게 사랑받고 인정받기를 간절히 원하는 한 남자가 있다. 과거 할리우드에서 화려한 성공을 거둔 인기 배우였던 리건(마이클 키튼 분)은 이제 브로드웨이에서 연극으로 제2의 인생을 열고자 한다. 그는 레이먼드 카버Raymond Carver 원작인 '사랑을 말할 때 우리가 이야기하는 것What we talk about when we talk about love'을 직접 연출하고 연기도 하면서 극의 대사를 통해 실제 자신이 원하는 사랑과 관심을 갈구한다. 유명 배우에서 예술가로 변신하고자 하는 강렬한 열망은 성공에 대한 강박으로 다가온다. 시도 때도 없이 들리는 또 다른 자아의 목소리에 대응하기도 힘겨운데, 그의 주위에는 돈만 밝히며 채근하는 제작자, 마약중

독자 딸, 신경 쓰이는 전 부인, 애정을 갈구하는 애인, 그를 인정하지 않는 냉혹한 비평가, 저마다의 사연을 안고 있는 말썽쟁이 배우들까지 점점 그를 벼랑으로 내몬다.

이런 주인공의 심리 상태를 표현하기 위해 알레한드로 곤잘레스 이나리투Alejandro Gonzalez Inarritu 감독은 2시간짜리 영화를 마치 하나의 숏처럼 보이는 전략을 썼다. 좁고 미로 같은 복도와 계단을 쉴 새 없이 오가는 등장인물을 카메라는 쉬지 않고 따라다닌다. 주인공의 동선에 다른 인물들이 나타났다 사라지기를 반복하면서 복도라는 긴 선형의 무대 위에서 펼쳐지는 한편의 연극을 보는 듯한 인상을 준다. 대단히 정교한 카메라 촬영 기법에 따라 유동하는 흐름과 오르고 내려가는 역동적인 움직임은 출구를 찾아 헤매는 주인공의 심리를 적극적으로 대변한다. 그는 우연히 극장 밖으로 팬티 차림으로 튕겨 나가게 되면서 순식간에 유튜브 스타가 된다. 그토록 원하던 대중의 관심을 본인의 의지와는 무관하게 받게 되는 아이러니한 장면이다. 마침내 주인공이 스스로의 틀을 깨고 비상하는 초현실적 장면은 시종일관 어둡고 좁은 통로가 주는 답답함과는 달리 장쾌하다. 미로에서 쫓기는 듯 빠른 비트로 울리던 드럼 소리와 대조적으로 도시를 내려다보며 날아다니는 장면에서는 유려한 교향곡이 흐른다.

주목할 공간 중 하나는 극장의 옥상이다. 브로드웨이 가로가 내려다보이는 옥상은 리건의 딸 샘(엠마 스톤 분)과 대타로 참여하게 된 남자 배우 마이크(에드워드 노튼 분)가 주로 대화하는 장소다. 리건과는 달리 본인의 감정에 충실한 성격인 샘은 리건에게 현실을 직시하라는 따끔한 충고를 한다. 샘과 마이크는 도시를 내려다보며 자신의 한계를 솔직히 털어 놓고 진실만을 이야기한다. 레이먼드 카버가 술에 취한 채 건넨 것인지도 모를 휴지에 적어준 응원 글을 평생 간직하고 인생을 거는 리건에 비해, 마이크는 본인의 한계를 분명히 알고 리얼리티에 충실한 캐릭터다. 특히 무대에서는 너무 충실해서 큰 웃음을 준다(영화를 보고 직접 확인하길 바란다). 영화 속 인물 중 가장 현실적인 이 두 사람이 솔직한 감정을 드러내는 곳과 주인공이 마침내 억압에서 벗어나 비행을 시작하는 장소가 옥상이라는 점은 의미심장하다.

주인공에게 시종일관 냉소적인 태도를 보이던 비평가는 마침내 그의 작품에 대해 '예상하지 못한 무지의 미덕The unexpected virtue of ignorance'이라는 제목의 비평으로 그를 인정하기에 이른다(이 영화의 부제목이기도 하다). 그가 목숨을 걸고 바라던 꿈이 드디어 이루어지는 순간이다. 그래서 그는 행복해졌을까. 그가 틀을 깨부수며 마침내 환한 창공으로 비상하는 결과보다 지루하고 길었지만 치열했던 미로의 과정이 오히려 눈부셨다고 나는 억지로 말하고 싶다. 판에 박힌 표현이라도 어쩔 수 없다. 이상을 너무 높이 가진 채 결과에만 목매기엔 인생이 너무 길고 견딜 수 없을 만큼 고단하다. 과정이라도 빛나지 않는다면 그 긴 시간과 많은 사람의 노력이 너무 아깝지 않은가.

# 시공간의 확장과 압축

## 덩케르크

영화가 가진 특별함은 무엇일까? 서사를 전달하지만 소설과는 다르고 이미지를 보여주지만 사진과는 다른 특별함. 그것이 궁금하다면 주저 없이 이 영화를 추천하고 싶다. 전 세계인에게 결과가 알려진 덩케르크 철수 작전. 크리스토퍼 놀란 감독은 시공간을 확장하거나 압축하여 상황을 재구성하는 방식으로 영화라는 매체의 특성을 드러내고 있다.

1940년, 제2차 세계대전 초기, 영국과 프랑스 연합군은 독일군에게 밀려 프랑스 덩케르크 해변에 고립된다. 도버 해협만 건너면 영국 땅이다. 군사를 지원해도 번번이 실패하자 연합군은 기상천외의 작전을 세운다. 해변에 고립된 40만 명 가까운 아군을 탈출시키는 것. 실어 나를 배가 턱없이 부족하자 영국군은 민간인의 배를 징발한다. 작은 어선에서 초호화 요트까지 예상보다 많은 배를 모으고, 구축함과 함께 벌인 9일간의 대규모 철수 작전은 역사상 유례없는 성공을 거둔다. 이것은 역사적 사실을 요약한 것이지 영화 줄거리가 아니다.

전쟁 영화이지만 적군이 나오지 않는다. 등장인물 소개도 없다. 긴장감을 고조시키는 효과 음악 빼고는 대사도 거의 소거했다. 싸우는 전쟁 영화는 많이 봤어도 도망가는 데 최선을 다하는 영화는 처음이다. 무사히 조국에 돌아온 병사들이 기차에 타서 맨 처음 하는 행동은 감격의 눈물도, 포효도 아니다. 타자마자 곤히 잠든다. 그들이 느낄 안도감은 영국의 대표 경관인 해변의 하얀 절벽과 평온한 들판이 대신한다. 관객은 영화가 끝날 때까지 영화에 가장 많이 등장하는(주인공으로 추측되는) 어딘가 어설프고 치아가 고르지 않으며 유난히 겁먹은 눈동자를 지닌 어린 병사의 이름을 끝내 모른다. 그의 가족과 사연과 돌아갈 고향도 모른다. 그러나 번번이 탈출에 실패하고 다시 해변으로 돌아오게 되면서 그가 얼마나 지칠지, 어딘지 모르는 곳에서 날아오는 포탄과 총알의 공격에 얼마나 무서울지는 체험할 수 있다.

서로 다른 세 개의 시간을 나란히 병치하는 독특한 형식이다. 잔교에서 일주일, 바다에서 하루, 하늘에서 한 시간, 이 세 개의 시간과 공간이 배경이자 형식임을 선언하며 시작한다. 잔교에는 구조를 기다리는 수십만 명의 병사들이 줄을 서 있고, 바다에서는 민간인이 직접 배를 몰고 가는 중이다. 하늘을 나는 세 대의 스핏 파이어는 적의 공격으로부터 아군을 지키기 위해 노력한다. 시공간의 사건이 교차 편집되면서 이어지다가 영화의 후반부에 서로 만난다. 그러니까 사실은 잔교의 일주일 중 맨 마지막 날이 바다의 시간이고 그 하루의 마지막 한 시간이 하늘의 시간인 셈이다. 사실 하나의 시간이 더 있다. 관객의 시간이다. 영화가 상영

되는 106분 동안 긴박감 넘치는 상황에 한시도 눈을 뗄 수 없는 긴장을 체험한다.

크리스토퍼 놀란 감독의 전작인 '메멘토'는 다시 봐도 새롭다. 컬러와 흑백 시퀀스가 섞인 독특한 형식의 영화다. 시간 순으로 $C_1+C_2+\cdots+C_{n-1}+C_n$로 진행되는 컬러 시퀀스를 $C_n$부터 $C_1$, 역순으로 배치했다. 그러다보니 $C_n$의 마지막 컷과 $C_{n-1}$의 첫 컷이 이어지게 된다. 전체적으로 결과와 원인이 뒤집히는 것이다. 이게 다가 아니다. 흑백 시퀀스 $M_1+M_2+\cdots+M_{n-1}+M_n$는 순방향으로 컬러 시퀀스와 교차 편집된다. 즉 $C_n+M_1+C_{n-1}+M_2\cdots$ 이런 순서로 진행되다가 영화의 후반부에 이르러 컬러의 첫 부분인 $C_1$과 흑백의 마지막 부분인 $M_n$이 만나게 된다. 독특한 형식을 통해 우리의 기억이라는 게 얼마나 조작 가능한 것인지를 강조하고 있다. 관객의 기억력을 실험하면서 말이다.

이에 비하면 '덩케르크'는 친절한 편이다. 처음부터 다른 공간과 시간에서 벌어지는 일임을 자막으로 알려준다. 서로 다른 시간대가 동시에 일어나는 것으로 이해해도 영화를 감상하는 데 전혀 무리가 없다. 해변에서 고군분투하는 인간이 체감하는 일주일은 배로 도버 해협을 왕복할 수 있는 하루라는 시간, 그리고 스핏 파이어로 도달하는 한 시간과 동일하게 느껴진다. 부하가 "무엇이 보입니까"라고 물을 때마다 '멋있음을 담당하는' 지휘관이 잔교 위에서 짧게 대답한다. "홈home". 바다의 하루와 하늘의 한 시간과 바꿀 정도의 가까운 거리, 그곳에 그토록 가고 싶은 고향이 있다.

세 개의 시간이 다르게 흐르는 해변과 바다와 하늘은 저마다

일촉즉발의 상황에 맞닿는다. 다른 시공간은 영화의 시간 동안 몇 번 만나면서 영향을 주고받는다. 예컨대 민간인 선박은 항해 중 난파한 배 위에 고립된 한 병사를 구한다. 다음 장면에서는 그 병사의 이전 모습을 보여준다. 어뢰로 침몰한 배에서 탈출한 주인공 병사가 타려고 하는 작은 배의 지휘관이 그였다. 하늘과 바다의 시간은 좀 더 자주 만난다. 세 대의 스핏 파이어 중 리더의 비행기가 격추된 상황을 하늘에서 보여준 후 배에서는 이전 시간대인 세 대의 비행기가 출격하는 모습을 바라보거나, 추락하는 비행기를 하늘의 시점과 구조되는 자와 구조하는 자의 시점으로 각각 묘사하는 장면은 여러 개의 시공간이 재조직됨으로써 가능한 장면이다. 이윽고 해변과 바다와 하늘이 만나는 지점, 비행 중 잘생긴 얼굴을 내내 가렸던 톰 하디가 노을을 배경으로 모자를 벗고 땅에 내딛는 순간, 비로소 작전은 끝난다.

영화는 영웅심이나 애국심이나 전우애를 드러내기보다는, 목숨을 위협하는 극한의 공포와 오로지 집에 가고 싶은 절박함 같은 인간의 보편적 감정에 더 집중한다. 영화를 보고 나서도 어딘가 어설프고 치아가 고르지 않으며 유난히 겁먹은 눈동자를 가진 어린 병사가 오래 기억난다. 그가 하는 몇 번의 선택은 영웅심이나 애국심이나 전우애와는 거리가 멀지만, 우리는 그를 비난할 수 없다. 그가 꿈에 그리던 고향에 무사히 가게 될지, 직접 확인하기 바란다. 그와 함께 뛰고 헤엄치고 숨을 참는 106분이 일주일처럼 길게 느껴지기도 하고 한 시간도 안 되게 훅 지나가기도 한다.

# 일상

매일 반복되는 일상의 가치와 그 차이의 깊이를
우리는 알고 있는가.
인생의 중요한 사건들 사이를 채우는 촘촘한 순간들을
우리는 얼마나 기억하는가.

> 영화는 일상의 반복과 차이에 대한
> 앙리 르페브르의 개념을
> 너무나 쉽고도 유쾌하게 증명해 보이고 있다.

지금은맞고그때는틀리다 중에서

# 반복과 차이

## 지금은맞고그때는틀리다

어느 봄날, 첫 아이 낳은 후 정신없이 살던 두 아줌마가 어렵사리 저녁 나들이를 하게 됐다. 홍상수라는 신인 감독의 영화 '돼지가 우물에 빠진 날'을 보기 위해서였다. 영화가 시작되기 전 짧은 시간을 알차게 보내기 위해 근처 맥줏집으로 향했다. 종로 연타운은 대학 시절과 변함없이 성업 중이었다. 마침 그날은 성년의 날이어서 그곳은 젊음의 열기로 가득했다. 대학 시절의 추억과 오랜만의 밤 문화에 살짝 들뜬 우리는 맥주를 빨리 많이 마셨다. 그것도 모자라 검정 봉지에 캔 맥주를 넣어 극장에 들어갔다. 시네코아라는 극장은 그런 짓이 살짝 용인되는(물론 근거 없는 주장이다), 소위 '아트 무비'로 분류되는 영화를 상영하는 곳이었다. 우리는 맥주를 몰래 마시기 위해 객석 가운데 있는 기둥 근처에 자리 잡았다. 관객은 몇 명 되지 않았고 영화는 소문대로 충분히 낯설었다. 맥주 탓에 둘 다 화장실을 들락거려서 가뜩이나 낯선 영화의 집중도는 현격히 떨어졌다. 영화가 끝날 때쯤 또 화장실

128

에 다녀온 나는 갑작스러운 살인 사건 장면을 보고 누가 왜 죽인 거냐고 친구에게 물었다. 그녀는 심각한 얼굴로 이렇게 대답했다. "잘 모르겠는데."

그 후 내게 홍상수의 영화는 얼마 동안 '잘 모르겠는' 영화였다. 해외 영화제에서 상을 받고 국내외 비평가들은 엄청난 찬사를 보냈으며 논문 주제로도 심심치 않게 등장했다. 영화는 점점 단순해지는데 평론은 더 어려워지고 심오해졌다. 그럼에도 그의 영화가 개봉할 때마다 첫날 달려가서 봤다. 기존 상업 영화들이 식상해서였는지 '아트 무비 보기'라는 허세였는지는 분명하지 않다. 여자에게 잘 보이고 싶어 안달이 난 찌질한 남자가 등장했고, 그들은 항상 술을 마시며 남자는 여자와 자거나 혹은 자고 싶어 했다. 더는 극장에서 맥주를 마시지 않았지만 영화를 보고 나면 소주가 마시고 싶었다.

그러던 어느 순간 그의 영화 속 공간과 일상이 실제보다 확대되어 보이기 시작했다. 등장인물들은 우연히 만나 술을 마시거나 싸우거나 사랑하기를 반복했다. 허름한 골목길을 걷다 그냥 영화가 끝나기도 했다. 인물들은 하나같이 허세를 부리거나 지리멸렬해서 한심하다고 생각했는데, 반복해서 보다 보니 그것은 남에게 들키고 싶지 않았던 내 모습이기도 했고, 술자리에 으레 있을 법한 친구들의 모습이기도 했다. 홍상수의 영화가 낯설게 보였던 이유가 바로 이것이었다. 그의 영화 속 공간과 인물은 전혀 꾸미지 않은 날 것 그 자체였다. 영화 속 공간은 환상 그 너머에 있는 것인 줄 알았다. 개인의 속마음을 이토록 솔직하게 들여다본 적이 있었던가. 개인의 욕망보다는 국가나 사회를 위해 헌신하고 희생하는 것이 미덕이라고 교육받은 탓인지도 모르겠다. 사회 전반적으로 개인의 일상성이 주목받게 된 것은 그리 오래된 일이 아니다.

철학자이자 사회학자인 앙리 르페브르Henri Lefebvre는 신자본주의 시대의 일상에 대해 그 존재 양식을 규명한 바 있다. 그가 평생 사유하고 실험했던 것을 담아 정리한 마지막 저서(앙리 르페브르 저, 정기현 역, 『리듬분석』, 갈무리, 2013)의 개념은 일상의 '리듬'이다. 그에 따르면 리듬은 반복되는 가운데 각각의 고유한 패턴을 만들고 이는 다른 리듬과의 차이를 만든다. 인간의 행위와 동작이 단조롭게 반복되면서 때로는 타협이나 충돌을 낳는다. 리듬은 다양한 관계를 맺는 얼개를 보여 주는 가운데 확인된다. 이번 홍상수의 신작 '지금은맞고그때는틀리다'는 일상의 반복과 차이에 대한 르페브르의 개념을 너무나 쉽고도 유쾌하게 증명해 보인다.

영화는 1, 2부로 나뉘어 같은 이야기가 반복된다. 영화감독 함춘수(정재영 분)가 특강 날짜를 잘못 알고 하루 일찍 수원에 내려온 후 우연히 화성행궁에서 화가 윤희정(김민희 분)을 만나게 된다. 남자는 처음 만난 여자에게 첫눈에 반하고 함께 술을 마시며 수작을 걸다 다음날 특강을 마친다. 두 편의 같은 이야기 속에 미묘한 차이가 있다. 예컨대 2부에서 여자의 작업실에 따라간 남자는 그녀가 그린 그림을 보며 소신껏 평가한다. 똑같은 상황의 1부에서는 그림을 보지도 않은 채 여자의 옆모습만을 쳐다보며 추상적인 칭찬만 늘어놓는다. 똑같은 그때와 지금의 이야기 두 편을 보면서 영화 속 인물들의 눈빛, 몸짓, 대사, 그들이 빚어내는 작은 공기의 차이가 어떤 파장으로 변하는지를 관찰할 수 있다.

남자가 술에 취해 느닷없이 울면서 사랑을 고백하거나 여자 지인들 술자리에 따라가 난동을 부리는 장면은 하도 어이가 없어서 사랑스럽게 느껴지기도 한다. 남자가 다음날 술에 덜 깬 채 특강을 마치고 나와서 여자와 작별인사를 나눌 때 마침 하얀 눈이 펑펑 내린다. 사소한 차이들은 반복되는 두 편의 이야기 속에서 다른 관계를 만들어 나가며 전혀 다른 결말을 낳는다.

홍상수의 다음 영화는 다시 서울로 돌아와 연남동을 배경으로 담는다. '늘 그랬듯' 남자와 여자가 연남동에서 술을 마시는 장면을 '늘 그랬듯' 나는 동네친구와 낄낄대며 보게 될 것이다. 오래전 종로 시네코아의 추억부터 수많은 술자리의 떨림과 진상들, 그리고 지난주 이수역에서 좋은 사람들과 나눈 소주와 수다까지 소환하겠지. 그때도 취했고 지금도 취하고 함께 웃을 수 있으니 참 다행이라 여긴다.

신간 김훈의 산문집 『라면을 끓이며』에도 반복되는 일상의 가치에 대한 사유가 담겨 있다. 그는 딸이 첫 월급으로 사 온 휴대전화기를 받은 후 딸이 앞으로 경험하게 될 미래를 상상하고 끝없이 이어지는 삶의 순환에 대해 경의를 표한다. 그리고 일상성에 대해 이렇게 묘사하고 있다. "진부하게, 꾸역꾸역 이어지는 이 삶의 일상성은 얼마나 경건한 것인가. 그 진부한 일상성 속에 자지러지는 행복이나 기쁨이 없다 하더라도, 이 거듭되는 순환과 반복은 얼마나 진지한 것인가. 나는 이 무사한 하루하루의 순환이 죽는 날까지 계속되기를 바랐고, 그것을 내 모든 행복으로 삼기로 했다." 나도 그러하다.

# 집은 그냥 집일 뿐이야

## 업

어릴 적 꿈을 그대로 실현하고 살아가는 사람이 얼마나 될까? 꿈이 이루어지면 과연 행복할까? 대부분의 사람은 학창 시절에 본인이 무엇을 원하는지 알지 못한다. 어른이 된다고 해도 마찬가지다. 혹시 알게 되더라도 나의 행복은 이미 사회나 가족의 구조 속에 너무 촘촘히 구속되어 있기 마련이다. 나보다는 그 관계 속에서 찾아야 할 때가 많다. 언젠가부터 내 욕망으로 산다기보다는 타자의 욕망을 욕망하면서 살아가는 건 아닌지 가끔 불안해진다.

'업Up'은 평생 동안 꿈꾸던 신비의 폭포를 찾기 위해 수많은 풍선을 매단 집을 타고 떠난 칼 할아버지와 꼬마 러셀의 모험을 그린 애니메이션이다. 어린 시절, 칼은 말이 없고 소심한 아이였다. 우연히 말괄량이 소녀 엘리를 만나기 전까지는 본인의 욕망을 드러내지 못하는 아이였을 것이다. 적어도 그녀가 포도 소다 병뚜껑을 칼의 가슴에 달아주기 전까진 그랬다. 엘리가 어느 날 밤 창문을 넘어들어와 자기의 꿈은 남아메리카의 파라다이스 폭포로 탐험을 가는 것이고 폭포 옆에 집을 짓고 살고 싶다고 속사포 같이 쏟아내기 전까진 확실히 그랬다. 바로 다음은 어른이 된 칼과 엘리가 결혼식을 올리는 장면으로 이어진다. 약 4분간 대사 한마디 없이 칼과 엘리가 함께 살 집을 수리해서 꾸미는 장면으로 시작해 그들이 함께 꿈을 꾸고 좌절을 겪으며 할머니가 된 엘리가 먼저 세상을 뜨는 장면으로 맺는다. 이 시퀀스는 잔잔한 음악과 함께 한 편의 시같이 그려진다. 최근 개봉해서 감동을 준 독립 영화 '님아 그 강을 건너지 마오'를 4분으로 축약한 듯하다. 몇 번을 다시 봐도 아프게 아름답다.

영화는 엘리가 세상을 떠나고 칼이 홀로 남겨지면서 본격적으로 시작된다. 엘리의 부재는 그녀의 빈 의자와 항상 둘이 같이 앉았던 빈 식탁으로 강조된다. 칼과 엘리의 아름다운 목조 주택은 개발 사업으로 들어선 고층 빌딩에 둘러싸여 있다. 칼은 집값을 두 배로 쳐 준다는 제안도 거절하고 수없이 많은 자물쇠를 걸어 잠근 채 공사로 인한 소음과 먼지 속에서 살아간다. 그에게 집은 단순한 집이 아니라 엘리의 등의자, 엘리의 사진, 엘리와 같이 동전을 모은 저금통, 엘리와 함께 한 꿈이 담긴 '엘리' 그 자체다.

결국 집을 비워주고 요양원으로 떠나는 날, 칼은 거대한 풍선 다발을 이용해 집을 하늘로 띄워서 탈출에 성공한다. 오래전부터 엘리와 함께 가고 싶었던 파라다이스 폭포로 향한다. 형형색색 아름다운 풍선이 하늘로 튀어 오르고 집을 대지에 고정했던 장치들이 떨어져 나가면서 오래된 목조 주택이 하늘로 솟아오르는 장면은 가히 압도적이다. 주변 고층 빌딩 사이에 고립된 섬 같았던 칼의 집은 보란 듯이 자유롭게 날아간다. 형형색색의 원색 풍선 그림자가 회색 빌딩의 유리창을 화려하게 물들인다.

영화의 또 다른 볼거리는 탐험지인 남아메리카의 신비로운 오지 풍경이다. 파라다이스 폭포를 묘사하기 위해 제작진은 실제로 베네수엘라와 브라질의 국경 지역을 탐험하며 실제 경관을 충실히 재현했다. 경관뿐 아니라 식물의 묘사도 현지에서 촬영해 온 사진들을 참고해 현실감을 더했다고 한다. 영화의 배경이 되는 숲과 바위, 희귀한 식물, 파라다이스 폭포의 절경은 이국적이고 몽환적이다.

'우연히 동행하게 된 러셀이라는 꼬마와 힘을 합쳐 악당을 물리치고 칼은 마침내 그가 원하던 폭포에 도착해서 행복하게 살았습니다'라는 식으로 영화가 끝났다면, 이 영화는 어린이에게 꿈과 희망을 주는 아름다운 동화에 그쳤을 것이다. 고집불통 칼이 탐험을 통해 어떻게 변하는지 보여주는 과정은 어른 관객에게 또 다른 감동을 준다. 폭풍우에 휩쓸리다 무사히 파라다이스 폭포가 보이는 근처에 도착하지만, 폭포에 도달하기까지 숱한 난관이 기다리고 있다. 꿈에 그리던 목적지를 눈앞에 두고 있지만, 성공은 번번이 연기된다. 얼마 남지 않은 풍선으로 떠 있는 집을 어깨에 매단 채 폭포까지 걸어가야 하는 상황에 봉착한다. 노을을 배경으로 부서져 가는 집을 끌며 점점 지쳐가는 칼의 모습이 애처롭다. 그에게 꿈이고 전부였던 집이 이제 무거운 짐이 되었다. 꿈인지 아닌지 확실하지도 않은 것을 좇아 쉬지 않고 달려가고 있지만, 이제는 그 꿈의 무게에 짓눌려 행복을 유보하고 있는 우리 모습 같다.

다시 집을 하늘로 띄우기 위해 집의 무게를 줄이느라 그가 그토록 아끼던 엘리의 등의자를 버리는 장면은 가슴을 뭉클하게 만든다. 목적지에 가기 위해 희귀한 새를 구하는 일 따위는 무시했던 칼은 도움이 간절한 주변을 위해 자신에게 가장 소중한 것을 버릴 줄 알게 된다. 무언가 찾기 위해 떠난 여행에서 그는 가장 소중한 것들을 버리고 온다. 아니 두고 온다. 이제 그는 "집은 그냥 집일 뿐이야"라고 말할 수 있게 되었다. 엘리에게서 받은 포도 소다 병뚜껑을 러셀의 가슴에 달아 준다. 칼은 자신을 비운 대신 주변과 소통할 줄 알게 되면서 엘리가 떠난 이후 새로운 행복을 찾는다. 엘리가 원하던 '진짜 탐험'이 시작된 것이다.

비록 원하던 목적지에 도착하지 못했지만 엔딩 크레디트를 통해서 칼은 "그 후로 오랫동안 잘살고 있습니다"라고 소식을 전한다. 영화를 보게 된다면 엔딩 크레디트를 절대 놓치지 말길. 이토록 성의 있고 흥미로운 엔딩 크레디트를 창작하기 위해 머리를 맞댔던 이들은 과연 어떤 표정을 짓고 있었을까. 어른과 아이가 함께 보면 더 좋을 영화 '업'은 내가 진짜 욕망하는 것 따위 없어도 아무 상관없다는 위로를 건넨다. 삶의 가치는 반드시 도착하고야 말 목적지에만 있는 것이 아닐지 모른다. 누구와 같이, 무엇을 하며, 어떻게 소통하며 갈 것인지, 그 흥미진진한 여정에 경배를.

# 풍경의 깊이

## 걸어도 걸어도

고레에다 히로카즈 감독은 수필집 『걷는 듯 천천히』에서 풍경과 영화에 대해 이렇게 표현한다. "어떤 풍경을 마주한 뒤 아름답다고 생각한다면 그것은 내 쪽에 있는가, 아니면 풍경 쪽에 있는가? 나라는 존재를 중심으로 세계를 생각하는가, 세계를 중심에 두고 나를 그 일부로 여기는가에 따라 다르다. 전자를 서양적, 후자를 동양적이라고 한다면 나는 틀림없이 후자에 속한다."

'걸어도 걸어도'는 감독의 어머니가 세상을 떠난 후의 소회를 반영하고 있다. 삶의 어떤 순간, 한 가족의 기억을 담고 있다. 영화를 위한 구성이라기보다 생의 어느 한 부분을 툭 잘라서 보여주는 느낌이라고 할까. 부모가 늙어가는 모습을 지켜보거나 다른 세상으로 부모를 떠나보낸 자식 입장에서 이 영화를 본다면 '이건 다 내 이야기'라고 느낄 것이다. 마지못해 억지로 한 일, 듣기 싫은 잔소리, 끝내 못 들어드린 부탁들이 영화를 보고 난 후에도 오래 생각난다.

어머니(키키 키린 분)와 딸이 주방에서 무와 감자를 깎으며 이야기하는 장면으로 영화가 시작한다. 병원을 운영하다 은퇴한 아버지(하라다 요시오 분)는 지팡이를 짚고 산책에 나선다. 가부장의 권위를 잃고 작아지기만 하는 보통의 아버지 모습이다. 작은 동네를 지나 숲을 가로지르는 긴 계단을 천천히 내려간다. 큰 길이 나오고 건너편 바다를 아버지는 한참 바라본다. 이번에는 바다가 원경으로 보이는 요코하마의 작은 마을을 언덕 위에서 비춘다. 수평선과 나란히 기차가 지나가고 다음 장면에는 기차에 탄 둘째 아들 료타(아베 히로시 분)의 가족 모습이 이어진다. 아이가 있는 여자와 결혼한 료타는 오랜만에 집에 가는 길이다. 그들은 아버지가 내려왔던 긴 계단을 수박과 짐을 들고 힘들게 오른다.

감독은 이야기보다 사람의 일상에 주목한다. 어느 집 아버지는 머리를 감고 어떤 순서로 말리는지, 가족은 상 주변에 어떻게 앉을지와 같은 디테일을 중요하게 다룬다. 어머니의 익숙한 칼질, 감자를 찧고 고기 조림을 뒤섞는 손길, 데친 가지를 슥슥 자르는 소리, 삶은 완두콩을 채에 밭치고 소금을 섞을 때 주방에 비치는 햇살, 옥수수 튀김을 건지며 매번 하는 추억담까지. 영화에서처럼 부모님 집 욕실 타일은 늘 떨어진 채였고, 오래된 서랍 속 낡은 앨범에는 내 아이보다 더 어린 내가 해맑게 웃고 있었다. 소설 속에서 행간을 상상하는 것처럼 그의 영화는 보는 이들이 여백을 상상하게 만든다.

모처럼 모인 가족은 어머니가 차린 밥상에 둘러 앉아 서로 안부를 묻기도 하고 가슴에 묻어둔 이야기를 생각 없이 내뱉기도 한다. 오래된 상처로 멀어진 마음은 떨어져 있던 시간만큼이나 가까워지기 힘들다. 관객은 가족이 왜 모였는지 한참 지나고서야 알게 된다. 바다에 빠진 한 남자를 구하다 죽은 큰아들, 준페이의 기일이다. 어머니는 바다에 가던 날 아들의 마지막 뒷모습을 생생하게 기억하고 있다. 가족의 아픔과는 무관하게 언덕 위에 있는 준페이의 묘지 뒤로 마을과 바다가 평화롭게 펼쳐져 있다. 조문을 마치고 가파른 경사 길을 내려오며 어머니는 료타가 태워주는 하얀 자동차를 타고 싶다고 말하지만, 아들은 건성으로 대답한다.

영화 속 풍경은 인물의 세밀한 감정을 담고 있다. 아버지가 산책하러 나가는 모습은 현관 안쪽에서 2층으로 올라가는 낡은 계단과 함께 보여서 더 쓸쓸하게 보인다. 아들이 살려준 남자가 조문하는 동안 선풍기를 들고 나오는 어머니의 굽은 등과 마당에 걸터앉은 아버지의 뒷모습은 그 심정이 어떨지 짐작하게 한다. 그가 돌아간 후 "저따위 녀석을 살리려고…"하는 아버지의 탄식을 듣기 전에도.

주방-마루-마당으로 이어지는 집의 평면 구조는 안에서 밖과 밖에서 안을 촬영하는 방식, 인물의 동선에 따라 입체적으로 체험된다. 한 시퀀스를 예로 들자면, 주방 쪽에 카메라가 고정되어 있고 커다란 상에 가족들이 식사를 마치고 앉아 있다. 카메라에 가장 가까운 곳에는 딸, 며느리, 어머니, 세 여자가 있고, 가운데는 상을 마주하고 아버지와 료타가 앉아 있다. 마당에서는 사위와 아이들이 수박 깨기 게임을 하고 있다. 가장 가까이 있던 세 여자가 사진을 보러 자리에서 일어난다. 전경이 텅 비고 가운데 레이어에 자리한 두 남자 뒤로 마당의 밝은 빛과 왁자지껄한 움직임이 보인다. 모처럼 가족이 모여 들뜬 어머니의 감정, 기대에 못 미치는 아들을 바라보는 아버지와 인정받지 못하는 아들의 불만, 가족의 아픔과는 겉도는 사위의 입장이 한 프레임에 담겨 있다. 서로 다른 시선이 엇갈린 채 '걸어도 걸어도' 좁혀지지 않는 시간의 깊이, 가족의 풍경이 그 안에 있다.

다음날 료타 가족은 버스를 타고 떠난다. 그들을 배웅하고 돌아서며 아버지는 "이제 설에나 다시 보겠군"하고 말한다. 버스에 탄 료타는 "설에는 안 와도 되겠지? 이제 1년에 한 번만 오자"라고 아내에게 말한다. 아버지와 어머니는 집으로 향하는 긴 계단을 천천히 올라간다. 두 사람이 화면에서 사라지고 난 후, 카메라가 빈 계단을 비추는 동안 료타의 내레이션이 흐른다. "3년 후 아버지는 돌아가셨다. 어머니도 뒤쫓듯 따라가셨다." 영화의 마지막, 료타 가족은 부모님 묘지를 찾는다. 변함없이 바다가 내려다보이는 평화로운 배경이지만 가족 수와 아이들 키는 변했다. 변한 건 또 있다. 조문을 마친 료타 가족은 하얀 자동차를 타고 언덕을 내려온다.

고레에다 히로카즈의 영화 중 '원더풀 라이프'는 죽은 사람들이 1주일간 머무는 곳을 그린다. 죽은 사람들은 3일간 가장 행복했던 순간을 떠올리고 상담자들은 그 기억을 동영상으로 재현해준다. 1주일 후 그 기억을 간직한 채 영원히 살 곳으로 간다. 내일은 아버지와 작별한 지 4년이 되는 날이다. 혹시 내 아버지가 그곳에 들렀다면 어떤 기억을 골랐을까. 아무리 그리워해도 사무치게 그립다.

# 사라지는 것들에
# 대처하는 어떤 태도

## 다가오는 것들

영화 '다가오는 것들'을 보고 난 후 한동안 '사라지는 것들'로 제목을 기억했다. 사라지는 것에 대해 생각해보려고 극장 옆 서점에 들러 제목이 가장 그럴 듯해 보이는 『이별한다는 것에 대하여』(채정호 지음, 생각속의집, 2014)라는 책까지 샀다. 우리는 시련에 대처하는 여자 주인공의 패턴에 익숙하다. 지리멸렬한 일상에서 벗어나 여행을 떠나서 먹고 기도하고 사랑하거나, 더 깊은 우울의 늪에 빠지기도 한다. 한국 드라마가 가장 사랑하는 공식은 젊고 능력 있고 게다가 잘생긴 실땅님(발음에 주의)을 만나 성공하는 것이다. 이 영화의 아름다운 포스터만 본다면 아침 드라마의 익숙한 장면을 떠올릴 수 있다. 기차역 플랫폼에서 중년 여자가 여행 가방을 든 채 잘생긴 남자와 인사를 나누고 있다. 기차란 일상에서 떠남을 의미하는 대표적인 기표가 아닌가. 아! 젊은 남자와 새 출발하는 이야기구나. 그러나 영화의 해법은 예상을 벗어난다.

영화는 나탈리(이자벨 위페르 분)의 삶에서 중요한 존재나 의미들이 사라져 가는 상황을 그린다. 어머니는 죽고 남편은 떠나며 명예와 열정은 옅어진다. 종종걸음으로 바삐 걸어 다니는 그녀를 따라다니다 보면 사라져가는 것들만 보인다. 영화의 반어적 제목은 결국 무엇이 다가오는지를 관객 스스로 생각해보라는 의미인지도 모르겠다. 나탈리는 어딘가 떠나긴 하지만 다시 일상으로 복귀하며, 옛 제자 파비앵(로만 코린카 분)을 만나긴 하지만 관객이 상상하는 '그런 사랑'은 아니다.

　나탈리는 파리의 한 고등학교에서 철학을 가르치는 교사다. 같은 직업을 가진 남편과 두 자녀를 두었다. 우울증을 앓는 그녀의 어머니는 밤낮을 가리지 않고 하루에도 수없이 전화한다. 수업하던 중에도 자살 소동을 벌이고 있는 어머니에게 뛰어가야 한다. 남편은 사랑하는 사람이 생겼다고 고백한 후 그녀를 떠난다. 출판사로부터는 오랫동안 참여해 온 철학 교과서 공동 필자에서 배제된다는 통보를 받는다. 이와 같은 상황에 대처하는 그녀의 방식은 책임감과 솔직함으로 요약할 수 있다. 있는 그대로 받아들이고 감정을 드러내는 것이다. 최선을 다해 어머니를 돌보며, 남편에 대해서는 단호하게 선을 긋고 정리한다. 출판사의 통보를 듣고도 제자의 책이 누락되었는지부터 챙긴다. 해마다 휴가를 보낸 남편의 여름 별장 정원을 손질하다 어머니가 위급하다는 소식을 듣고 요양원으로 허겁지겁 달려간다. 그 와중에도 꽃 몇 송이를 챙기며 추억이 쌓인 바다 풍경을 바라보면서 조용히 눈물짓는다. 인간이 힘든 상황에서도 얼마나 존엄할 수 있는지를 보여주는 우아한 장면이다.

　철학적인 태도는 나탈리의 삶을 설명하는 소재이자 영화의 주요 테마다. 남편과의 별거에 대해 '그래도 지적인 삶을 살고 있어서 만족한다'고 스스로 위안할 정도로 매 순간을 철학책과 함께 한다. 옛 제자인 파비앵과는 서로 지적인 영향을 주고받는 사이다. 파비앵은 도시를 떠나 공동체 생활을 하며 대안적인 삶을 추구하고 있다. 그가 사는 산속 오두막으로 여행을 떠나 지내던 어느 날, 파비앵은 나탈리에게 '행동하지 않는 부르주아'라고 비난한다. 그녀는 이렇게 대답하며 인정한다. "급진성을 논하기에 나는 너무 늙었어. 게다가 예전에 다 해본 일이거든. 내가 할 일은 너희들이 자유롭게 생각할 수 있도록 도와주는 거야." 그녀의 단단한 내적 토대는 철학적 사유를 기반으로 한다. 영화 중간에 공원에서 야외 수업을 하는 장면이 나온다. 학생들은 잔디밭에 저마다 편안한 자세로 앉거나 엎드려서 '진리는 논쟁 가능한가'라는 주제로 토론한다. 철학은 고사하고 암기식으로 역사를 배우는 대한민국 청소년이 떠올랐다. 영혼의 건강함은 어느 날 갑자기 만들어지지 않는다. 어릴 때부터 단련시켜야 할 것은 육체만이 아니다.

그녀가 삶에 대한 태도를 보여주는 대표적인 대상은 판도라라는 고양이다. 요양원에 간 어머니 대신 나이 들고 뚱뚱한 판도라를 알레르기가 있음에도 맡아 기른다. 파비앵의 오두막에 도착한 모습을 담은 포스터에 등장하는 바구니가 그것이다. 어쩔 수 없어서 데리고 다니며 무거워서 낑낑대는 모습은 그녀가 삶을 버티는 모습과 닮았다. 산속으로 판도라가 도망치자 본능적으로 살아남을 거라는 파비앵의 위로에도 불구하고 나탈리는 어두운 숲속을 향해 열심히 판도라를 부른다. 그녀에게 어머니나 고양이는 짐스러운 존재지만 손쉽게 그 책임감의 굴레를 벗어던지지 않는다.

단단한 내면의 세계를 기반으로 일상에 최선을 다하는 모습, 나탈리가 사라지는 것들에 대처하는 자세다. 그녀가 수업 시간에 읽어주는 루소는 그녀의 입장을 대변한다. "상상력이라는 정신적인 쾌락을 통해 사랑하는 이의 부재를 상쇄한다." 크리스마스를 집에서 보내고 싶어서 책을 핑계로 들른 남편을 단호히 돌려보내고 나탈리는 자녀들과 함께 할 파티를 준비한다. 잠에서 깬 손자를 안고 나지막이 자장가를 불러주는 가운데 그녀의 집 복도를 오래 비추는 마지막 장면, 아름답다. 치유의 해답이 집 밖이나 타인에게 있지 않다는 것을 보여준다.

온 국민에게 치유가 필요한 2016년의 마지막이 이렇게 가고 있다. 제목을 잘못 기억하는 바람에 산 책의 결론이다. "판도라의 상자를 열 것인지 말 것인지는 전적으로 나의 선택에 달려 있다. 상자 안에 담긴 '위기와 고통'을 잘 떠나보내고 새로운 '희망'을 선물로 얻을 것인가. 아니면 상자는 그대로 놓아둔 채로 상실의 상처를 평생 끌어안고 살아갈 것인가. 그 선택만이 남아 있다." 영화 속 고양이 이름이 그래서 판도라인가 보다.

# 봄의 흙은 헐거워진다

## 맨체스터 바이 더 씨

봄이다. 형형색색 꽃이 만개하는 계절. 『자전거여행』(문학동네, 2014)에서 김훈은 꽃이 피고 지는 것을 이렇게 묘사한다. "동백은 한 송이의 개별자로서 제각기 피어나고, 제각기 떨어진다. 동백은 떨어져 죽을 때 주접스런 꼴을 보이지 않는다. ⋯ 절정에서 문득 추락해버린다. ⋯ 매화는 잎이 없는 마른 가지로 꽃을 피운다. ⋯ 매화는 질 때, 꽃송이가 떨어지지 않고 꽃잎 한 개 한 개가 낱낱이 바람에 날려 산화한다. ⋯ 산수유는 어른거리는 꽃의 그림자로서 피어난다. ⋯ 그 그림자 같은 꽃은 다른 모든 꽃들이 피어나기 전에, 노을이 스러지듯이 문득 종적을 감춘다. ⋯ 목련은 등불을 켜듯이 피어난다. ⋯ 꽃이 질 때, 목련은 세상의 꽃 중에서 가장 남루하고 가장 참혹하다. ⋯ 목련꽃은 냉큼 죽지 않고 한꺼번에 통째로 툭 떨어지지도 않는다. 나뭇가지에 매달린 채, 꽃잎 조각들은 저마다의 생로병사를 끝까지 치러낸다." 보고 나면 가슴 한편이 아린 영화 '맨체스터 바이 더 씨'에서는 스쳐 지나가

듯, 창문을 통해 마른 나뭇가지에 달린 꽃 봉우리 비슷한 것이 보인다. 내내 차가운 바람과 눈발 날리는 바다 풍경만 보다가 그 단 한 장면에 이르면, '아!' 하는 탄식이 나온다.

여기 보스턴에 사는 한 남자가 있다. 아파트 관리인으로 일하는 리 챈들러(케이시 애플렉 분)는 무표정하고 불친절한 태도로 매일 쓰레기를 정리하고 막힌 하수도를 뚫는다. 무기력해 보이기도 하고, 무언가 화를 참고 있는 것 같기도 하다. 평소와 다름없이 눈을 치우던 어느 날, 갑작스런 전화를 받고 '맨체스터 바이 더 씨'(놀랍게도 도시 이름이다)로 향한다. 형이 죽고 남겨진 조카의 후견인이 되어야 하는 상황에 그는 당황한다. 아직 고등학생인 조카를 성인이 될 때까지 돌봐야 한다. "그 유명한 리 챈들러야?" 고향 사람들은 그를 보고 수군거린다. 불쑥 기억을 통해 그가 아내와 함께 세 아이를 키우던 행복한 순간들이 소환된다. 무슨 일이 있었던 건지 관객은 영화 중반까지 알 수 없다. 그저 그 남자의 공허한 눈빛과 처진 어깨를 바라볼 수밖에.

바닷가 작은 마을의 풍경은 평화롭지만 겨울 날씨는 매섭다. 리는 잠시 다녀갈 줄 알았던 고향에서 얇은 점퍼 하나 걸친 채 말 안 듣고 철없는 조카와 함께 형의 장례식을 준비한다. 설상가상으로 관을 묻으려면 얼어붙은 땅이 녹기를 기다려야 한다. 그 상황에서 조카는 두 명의 여자 친구와 어떻게 하면 잘 수 있을지 매일 궁리하고, 밴드에, 하키에 바쁘게 지낸다. 장례식 후 같이 보스턴으로 떠나자는 삼촌의 제안에 자신의 터전을 떠날 수 없다고 거절한다. 툭툭 끼어드는 리의 기억을 통해 한 번의 실수로 사랑하는 가족을 잃었다는 사실을 관객이 알게 된다. 왜 그런 표정으로 울지도 웃지도 않는지, 왜 그런 눈동자로 사람을 똑바로 쳐다보지도 못하는지, 비로소 공감하게 된다. 그 흔한 대사 "괜찮아질 거야"라고 아무도 섣불리 그를 위로하지 못하고, "네 잘못이야"라고 아무도 그를 비난하지 않는다. 사랑하는 사람으로부터 들었던 "당신 잘못이 아니야"라는 말이 오히려 잔인할 정도로, 먹먹하다. 그저 자기 자리를 지키고 있는 덤덤한 풍경들, 알고 지낸 선한 사람들, 일상의 소소한 즐거움마저도 그에게는 상처에 뿌리는 소금처럼 아프게 느껴진다. 세상에는 이렇게 결코 치유할 수 없는 상처도 있다.

형은 죽기 전에 동생이 더 이상 혼자 아파하지 말고 홀로 남겨진 아들과 서로 위로하며 살기 원했을 것이다. 리와 조카는 간혹 서로 돕기도 하고 노력도 해보지만, 형의 바람대로 되지는 않는다. 결국 리는 조카에게 "더 이상 견딜 수 없다"고 고백하며 고향을 떠나기로 한다. 그를 이해하지 못하던 조카는 삼촌 방 침대 옆에 나란히 놓인 세 개의 액자를 보고 더 이상 묻지 않는다. 관객에겐 그 사진이 보이지 않지만 무엇일지 짐작하고도 남는다. 그는 상처를 회피하지 않고 매일 똑바로 응시하고 있었다. 그는 추락하지도, 문득 종적을 감추지도, 그림자처럼 사라지지도 않을 것이다. 가장 참혹한 최후를 맞는 목련처럼 끝까지 고통을 안고 살기로 작정한 사람이다. 그래서 그는 남루하고 참혹한 일상을 견디고 있다. 영화는 끝내 회복하지 못하는 미완의 심상을 지켜보며 막을 내린다.

인상적인 장면 하나. 조카가 나뭇가지 하나를 들고 공동묘지 펜스를 따라 걷다 안으로 들어가서 땅을 툭 하고 찔러본다. 아빠를 냉동고에서 꺼내 묻을 수 있을 정도로 땅이 녹았는지 확인해 보는 것이다. 세상 쪽 문을 닫고 꽝꽝 얼어붙어 있는 삼촌을 향한 노크일 수도 있다. 원하는 것도 많고 재미있는 일도 많은 조카의 해맑음에 씨익하고 웃게 된다. 고난을 극복하든 안고 살든 봄은 오고, 결국 땅은 녹는다. 김훈의 절창을 다시 인용한다. "흙 속에서는, 얼음이 녹은 자리마다 개미집 같은 작은 구멍들이 열리고, 이 구멍마다 물기가 흐른다. 밤에는 기온이 떨어져서 이 물기는 다시 언다. 이때 얼음은 겨울처럼 꽝꽝 얼어붙지 않고, 가볍게 언다. 다음날 아침에 다시 햇살이 내리쬐어서 구멍마다 얼음은 녹는다. 물기는 얼고 녹기를 거듭하면서 흙 속의 작은 구멍들을 조금씩 넓혀간다. 넓어진 구멍들을 통해 햇볕은 조금 더 깊이 흙 속으로 스민다. 그렇게 해서, 봄의 흙은 헐거워지고, 헐거워진 흙은 부풀어 오른다."

리는 보스턴으로 돌아가 다시 상처를 마주하며 살겠지만, 마음에 아주 작은 구멍 정도는 생겼을 것이다. 햇볕과 물기가 스며들어 녹고 얼기를 반복하면서 그의 마음도 조금 헐거워질 거라 믿는다. 그러기 위해선 시간이 좀 더 필요한 거라 믿는다. 그동안 추하다고 느꼈던 목련의 최후를 이번 봄에는 끝까지 지켜보리라.

# 커리어우먼을
# 꿈꾸는 그대에게

## 조이

영화 '조이'를 보고나서 힘겨운 상황에 처한 여성이 어느 날 갑자기 성공하는 데에 방점을 둔 이야기가 아니라서 안심했다. 꿈 많은 소녀 조이(제니퍼 로렌스 분)가 어떻게 한 가정의 고단한 주부가 되었는지를 보여주며 시작한다. 조이는 무책임하고 게으른 남편과 이혼한 후 두 아이를 맡아 키운다. 전 남편은 조이네 집 지하실에 얹혀산다. 조이의 부모도 이혼했는데 어머니는 우울증으로 온종일 텔레비전만 본다. 아버지는 애인과 헤어지고 무작정 조이네 집에 들어와 전 남편과 지하실에서 매일 다투며 지낸다. 이 집에서 제일 멀쩡한 사람은 조이를 믿고 항상 응원해주는 할머니와 5살짜리 딸이다. 다니던 회사에서 감봉당한 날, 옷도 갈아입지 못한 채 물 새는 배관을 고치려고 마룻바닥을 뜯다가 아이들에게 책을 읽어주는 장면은 안쓰럽다. 멀티 플레이어가 되어야 하는 워킹맘의 고단함이 전해진다. 왜 쓸데없이 꿈 따위를 강요했냐고 할머니에게 불평하는 장면에서는 그 심정에 충분히 동감하게 된다.

조이는 우연히 깨진 와인 잔을 치우다가 손대지 않고 물기를 제거할 수 있는 걸레를 발명한다. 제품으로 만들어지기까지, 홈쇼핑으로 '대박'이 나기까지, 특허를 안정적으로 쓰기까지 파산의 위기로 매번 벼랑에 내몰린다. 하지만 제품에 투자한 아버지의 새 애인이 하필 부자고, 무작정 찾아간 대형 홈쇼핑 회사의 최고 결정권자는 대뜸 그녀를 밀어주기로 한다. 특허 분쟁으로 사업을 이어나가기 어려워지자 머리를 손수 자르고 혈혈단신 찾아가 담판을 짓는다. 실화에 바탕을 두었다지만 다소 비현실적인 면이 있고 매력적인 조연 배우들을 병풍 역할로만 그린 점은 아쉽다. 그러나 성공 신화의 핵심이 달콤한 결과물에 있는 것이 아니라 끊임없이 문제를 해결해나가는 지난한 과정에 있다는 점을 상기시켜주기에 볼 만한 영화다.

'커리어우먼'이라는 미디어가 만들어 놓은 허상 뒤에는 퇴근 후에도 가사에 시달려야 하는 고단함, 전업맘처럼 육아에 전념할 수 없는 데에 대한 미안함, 이렇게까지 하면서 일을 해야 하나 하는 자괴감이 자리한다. 특히 우리나라 사람들은 정이 넘쳐서 남의 일에 간섭이 심하다. 주위에 결혼 안 한 사람은 반드시 결혼시키려고 애를 쓰고, 결혼하면 아이 낳으라고 채근하고 하나 낳고 나면 형제가 있어야 한다고 성화다. 첫 아이를 낳고 근근이 버티던 직장 여성이 둘째 아이를 낳고 결국 일을 그만두는 사례가 주변에 흔하다. 오래 전 일이 생각난다. 둘째가 생기지 않아 고민 중이었는데 남의 사정도 모르면서 둘째를 낳아야 한다고 주변에서 한마디씩 했다. 남의 결혼이나 자녀 계획에는 무관심이 도와

주는 거다. 최근 받은 가장 어처구니없는 질문은 "은퇴하면 다시 가정으로 돌아갈 건가요?"였다. 적당한 대답을 찾지 못해 "남자도 은퇴하면 다시 가정으로 돌아가나요?"라고 되물었다.

한국은 여성이 일하면서 출산과 육아를 병행하기 매우 힘든 나라다. 사회적 장치, 제도적 뒷받침, 유교적 가치관 등 이유를 대자면 지면이 부족하다. 소설가 조선희는 그의 에세이에서 "여자들이 자기 일을 가지고 나이 들어간다는 것, 직장에서 정년퇴직할 때까지 일한다는 것, 그것은 일종의 장애물 경기다"라고 표현했다. 그녀가 영화 주간지 『씨네21』의 편집장이던 시절, 나와 같은 아파트에 살았다. 두 딸 중 막내는 대구 시어머니댁에 맡겨졌고, 유치원 다니는 큰딸은 근처 사는 이모 등에 업혀서 12시가 넘은 시간에 귀가하는 모습을 종종 엘리베이터에서 보았다. 다행스럽게도 두 딸은 씩씩하게 잘 자라 엄마의 일을 이해하고 전폭적으로 지원하는 대학생이 되었다.

현실에서는 조이처럼 인생을 바꿀만한 큰 사건으로 하루아침에 성공에 이르는 일이 드물다. 하루하루 눈앞에 닥친 일들이 산적해 있고 대체 무엇을 하는지 인식하지 못한 채 시간은 더디게만 흐른다. 남자들과 동등하게 일하고도 퇴근해서는 남자들과 동등하지 않게 집안일을 해야 한다. 대다수 워킹맘은 오늘도 새벽에 일어나 아이들을 챙기고 퇴근 후 누가 차려주는 밥을 먹는 대신 아이들을 씻기고 저녁을 챙긴다. 주말에는 밀린 집안일을 하며 아이들과 주중에 못다 한 시간을 보내고 시댁이나 친정 부모도 잊지 않고 챙겨야 한다. 나는 이 땅의 수많은 일하는 여성들이야말로 조이의 성공 못지않은 신화를 매일 써내려가고 있다고 생각한다.

이런 환경에서 결혼을 하지 않거나 하더라도 점점 늦어지고 출산율이 낮아지는 것은 당연한 결과다. 출산과 육아는 더는 개인적으로 알아서 해결할 문제가 아니다. 예산이 필요한 일도 많지만 쉽게 바꿀 수 있는 일들도 있다. 예컨대 초·중학교 학부모회의 시간을 퇴근 후로 조정하는 것 같은 일이다. 수업 준비물을 학기 초에 일괄 준비시키는 배려도 워킹맘의 부담을 줄여주는 일이다. 우리 사무실의 H는 딸의 학교 일로 걸려오는 전화를 까다로운 업무 전화보다 더 긴장하며 받는다. 남녀 구분 없이 대학에 들어가듯 졸업 후엔 누구나 자유롭게 사회에 기여할 수 있어야 하고 그것을 유지하는 과정도 공평해야 한다.

커리어우먼을 꿈꾸는 그대여, 당신은 슈퍼우먼이 아니다. 20년 후 성인이 되어 엄마 품을 떠나는 아이에게 너를 위해 엄마 꿈을 포기했노라고 푸념하려면 기꺼이 일을 접고 육아에 정진하라. 워킹맘이라면 당신 집의 냉장고를 텔레비전 유명인의 것과 비교하지 말라. 그리고 "어린아이는 엄마와 많은 시간을 보내야 정서적으로 안정된다", "아이의 초등학교 교육은 평생을 좌우한다"와 같은 말로 일하는 엄마를 겁주는 전업맘 친구들과 당분간 만나지 않는 것이 좋다. 가능한 비슷한 여건의 워킹맘 동지들과 연대하라. 그편이 정신적으로 건강할 뿐만 아니라 일하면서 가정을 효율적으로 운영할 유용한 팁을 공유할 수도 있다. 안타깝게도 아직은 양자택일해야 하는 현실이다. 위안이 있다면 여하간 시간은 공평하게 흘러서 아이도 어른도 함께 자란다는 것이다.

# 유머

우디 앨런의 영화 '한나와 그 자매들'에서 주인공은
삶과 죽음에 대해 고민한다.
자살을 시도했으나 실패한 후 거리를 걷다 극장에 들어간다.
익숙한 슬랩스틱 코미디 영화가 상영 중이다.
그는 문득 깨닫는다.
"어차피 죽을 텐데, 미리 고민하면서 시간을 소비하느니,
일단 즐겁게 사는 게 낫지 않겠어?"

"

*'너에게 족구란 무엇이냐?'*
*만섭은 멀 그리 당연한 걸 묻느냐는 듯 스윽 대답한다.*
*'재밌잖아요.'*

"

족구왕 중에서

# 그냥 좀 놀면 어때

**족구왕**

내가 대학 다니던 시절에는 '컵 차기'가 유행이었다. 조경학과가 있던 이공관 앞마당과 지금은 조경학과 건물이 된 도서관 앞이 전용 경기장이었다. 커피 자판기의 일회용 컵과 두 명 이상만 모이면 가능한 실내외 구분 없는 레저였다. 한 번은 이공관 옆에 위치한 공학관에서 건축학과 교수님께서 내려다보고는 당시 대학원생이었던 동아리 선배에게 매일 컵 차기하는 저 키 큰 여학생은 대체 누구냐고 물으셨다고 한다. 나의 족구 기본기는 그렇게 때와 장소를 가리지 않고 다져졌다. 졸업 후 다니던 건축사무소는 잠원동 고속도로 완충 녹지 변에 위치해서 후면에 넓은 주차장과 공터가 있었다. 점심을 먹은 후 농구를 하기도 했는데 언제부터인지 종목이 족구로 바뀌었다. 서브를 받거나 최전방에서 공격을 하는 에이스는 아니었지만 안정적인 패스로 공격을 할 수 있도록 연결해주는 역할을 하는 주요선수 중 하나였다. 야근을 할 때는 자동차 라이트를 켜 놓은 채 야간 경기도 했다. 비 온 직

154

후 약간의 물웅덩이가 있던 어느 날 오전이었다. 일하다 창문을 보니 우리 팀 주장이 롤러로 땅을 메우고 있었다. 그의 진지한 동작이 아직도 기억에 선명하다. 우리는 질척거리는 땅에서 신발을 망쳐가며 그날도 어김없이 족구를 했다. 그러다 앞 사무실이 이사 가는 바람에 비게 되자 그곳은 날씨에 영향을 받지 않는 꽤 괜찮은 전용 족구장이 되었다. 실내에서 족구해 본 사람이 몇 명이나 되려나. 실내 족구는 공을 가지러 뛰어다니지 않아도 될 뿐더러 벽과 천장을 활용해서 훨씬 다이내믹한 게임을 즐길 수 있다. 그러나 천장의 전등이 모두 깨지고 창문까지 깨지는 바람에 우리의 실내 족구 시대는 막을 내리게 되었다. 오로지 족구하기 위해 출근하는 것 같았던 그 철없던 과장님들, 지금 모두 잘 계신지 궁금하다. 족구 개인사가 길어졌다. 남자들이 군대에서 축구하고 족구한 이야기를 왜 길게 하는지 나는 이해해야 한다.

영화 '족구왕'은 주인공 만섭(안재홍 분)이 군대에서 족구하는 장면으로 시작한다. 족구를 위해 태어난 듯한 체격을 가진 만섭은 사단장배 족구 대회 우승패를 가슴에 안고 제대한다. 다니던 대학교에 복학하자마자 제일 먼저 족구장을 둘러보지만 그곳은 군대 간 사이 테니스장이 되었다. 변한 곳은 족구장만이 아니다. 기숙사 선배는 스펙에는 관심 없는 만섭에게 "있는 듯 없는 듯 조용히 지내며 공무원 시험 준비해라"라고 다그치고, 조교는 족구장을 찾는 그에게 "족구 같은 소리나 한다"라며 비아냥거린다. 그러나 우리의 주인공 만섭은 총장과의 대화에서 족구장 건설을 요청하고 가방에 족구공을 넣고 다니며 서명 운동을 벌인다. 만섭과 전직 축구 선수가 대결한 족구 시합 동영상이 퍼지면서 학교 전체에 족구 열풍이 불기 시작한다. 체육대회에서 족구 시합이 열리게 되고 시합을 앞둔 학생들은 학교 여기저기에서 우유팩으로 연습한다. 내가 활동했던 전농동에서는 종이컵이었는데 영화에서는 서울우유 커피맛 우유팩이다. 시대별로 변한 것인지 지역별로 서로 다른 것인지는 모르겠다. 동시대 인물 셋만 모이면 이 주제로 적어도 한 시간은 토론할 수 있을 것이다.

다소 손발이 오그라드는 삼각관계 설정이나 현실감 없는 인물 등 부족한 면이 없지는 않다. 그러나 '족구왕'은 당시에는 그 시간들이 얼마나 빛나는 때인지 모르고 지냈던 청춘의 시간을 가만히 떠오르게 만드는 영화다. 주인공 만섭은 코믹한 주변 분위기와는 다르게 족구에서만큼은 매우 진지하다. 그는 초보자에게 우유팩 선정과 제작방법을 전수하며 "우유팩 차기는 족구에 대한 감각을 익히는 데 매우 좋아요. 공에 대한 집중력과 공이 발에 닿을 때의 감각을 미리 느끼게 만들어 주거든요"라고 설명한다. 족구 좀 해본 사람이라면 확 와 닿는 대사다. 영화는 사랑과 낭만을 유보하고 오로지 취업 준비에만 매달리는 청춘들에게 족구라는 매개체를 통해 그냥 한번 신나게 놀아보라 권한다.

작년 연말 서울 남산에 관한 심도 있는 연구와 지속가능한 정책을 제안하기 위해 포럼이 조직되었다. 창립 포럼 준비를 위해 지난주에 서울시와 외부 위원으로 구성된 운영위원회가 열렸다. 포럼 주제에 관해 토론하던 중 한 위원이 남산에 가는 궁극적인 이유가 즐기기 위한 것이니 어떻게 놀고 즐기는지에 대해 조명해 보면 좋겠다는 의견을 냈다. 그동안 '남산' 하면 상징이니 정체성이니 하는 무거운 주제로만 접근하던 방식과 달리 뜻밖에 신선

함을 주는 의견이었다. 남산을 이용하는 사람들에게는 남산이란 즐기고 노는 장소인 것이다. '놀이'란 가장 기본적인 욕구이며 즐거움을 위한 창조적인 문화 행위다. 솔직히 나에게 도서관은 공부보다는 선배들이 뽑아주던 자판기 커피와 다 마신 컵으로 놀던 장소로 기억된다. 철야와 야근으로 지치던 시절에 함께 땀흘리며 웃던 경험은 힘든 시간을 버티게 해준 비타민이었다.

공간을 디자인하고 무엇을 하며 놀지 조직하는 직업을 가졌음에도 책상머리에서만 궁리해온 것은 아닌지, 재미보다는 의미를, 생생한 체험보다는 폼 나는 이론에 더 비중을 두고 있는 것은 아닌지 자문해본다. "순응은 지루하다. 도발하고 도전하라"고 조언했던 『환경과조경』 322호에 실린 라인-카노의 인터뷰가 떠오른다. 빛나는 청춘은 물론 덜 빛나는 사람들도 올봄에는 스마트폰 좀 내려놓고 햇볕 아래서 놀아보자.

만섭의 식품영양학과가 결승에 올라가게 된 후 땀범벅인 채 기숙사 방에 들어오자 공무원 시험을 준비하던 선배가 묻는다. "너에게 족구란 무엇이냐?" 만섭은 무얼 그리 당연한 걸 묻느냐는 듯 스윽 대답한다. "재밌잖아요."

# 기묘한 유머

## 더 랍스터

"더 랍스터 한 장 주세요."" 네? 더 셰프 아닌가요?"" 아뇨, 랍스터요, 랍스터!"" 다시 확인해주세요." 셰프와 랍스터, 연관 단어이긴 하다. 어제 퇴근길, 며칠째 유난히 지치고 힘든 이유를 가을 탓으로만 돌리기에는 무언가 다른 처방이 필요할 것 같아 극장으로 향했다. '보고 싶은 영화 한 편 보는 것도 내 뜻대로 안 되는구나'하고 좌절하는 순간 주변의 다른 극장과 헷갈린 것을 깨달았다. 나라 구하는 심정으로 서둘러 달려가 보니 관객석에는 나처럼 혼자 온 사람이 너덧 명 드문드문 앉아 있었다.

고백건대 '더 랍스터'를 보게 된 건 순전히 포스터 때문이다. 어떤 영화인지 아무 정보가 없는 상태에서 접한 포스터는 그 자체로 너무 아름다웠다. 황량한 갈대밭 사이로 다급하게 어디론가 달려가는 두 사람의 표정이 심상치 않다. 여자는 남자의 손을 두 손으로 꼭 붙잡고 있다. '사랑에 관한 가장 기묘한 상상'이라니, 대체 어떤 영화일까. 극장에서 그다지 오래 상영할 것 같지

않고 이 글을 읽은 후에도 일부러 영화를 찾아보는 이가 열 명이
채 안 될 것을 확신하므로 그 내용을 낱낱이 소개할까 한다. 혹
시 나처럼 포스터에 순간적으로 영혼을 뺏겨 영화를 보게 될지
모를 아홉 명은 여기서 멈추기 바란다.

## 장소 하나, 호텔

짝이 없는 사람들을 강제로 수용하는 장소다. 도시에서 생활하
던 데이비드(콜린 파렐 분)는 아내에게 결별을 통보받고 이곳에 오게
되었다. 45일 안에 새로운 짝을 찾지 못하면 동물로 변하게 된다.
다행인지 불행인지 어느 동물로 변하게 될지는 스스로 선택할
수 있다. 데이비드는 개로 변한 형을 데리고 이 호텔에 왔다. 그
는 100년을 살 수 있고 번식력이 왕성하며 푸른 바다를 좋아하
기 때문에 랍스터가 되고 싶어 한다. 호텔 생활은 일상에서 취미
생활까지 완벽하게 통제된다. 짝을 찾은 커플은 2주간 커플 방을
사용하다 다시 2주간 요트에서 생활하며 진짜 짝인지 확인되면
도시로 보내진다. 4주간의 실험 기간 동안 관계가 소원해지거나
불화가 생길 때는 아이를 배정해 준다. 호텔 측은 아이가 커플 상
태를 지속시키는 데 도움이 되는 요소라고 설명한다. 데이비드는
피도 눈물도 없어 보이는 냉혹한 여자와 비슷한 타입으로 위장
하여 커플이 되었다가 발각된 후 숲으로 도망친다.

## 장소 둘, 숲

숲은 밀폐된 호텔과 달리 트인 장소이며 아름드리 큰 나무들로
둘러싸여 있다. 단, 이곳에서는 반드시 솔로로만 지내야 하는 규

칙이 있다. 숲을 지배하는 리더(레아 세이두 분)는 사랑이 인간을 구원할 수 없다고 굳게 믿는다. 커플을 강요하는 도시의 규율에 반기를 든 사람들은 리더에게 복종하며 숲의 질서를 유지한다. 그녀는 사랑이 싹트는 조짐을 보이는 사람들을 잔혹하게 처벌한다. 숲이라는 경계 없는 자연 속에서 통제받는 집단생활은 호텔보다 더 감옥 같다. 그러나 커플이 되어야만 살아남을 수 있을 땐 절대 일어나지 않던 감정의 스파크가 금지된 숲에서는 저절로 일어난다. 데이비드는 자신과 같이 근시인 여자에게 첫눈에 끌리고 사랑에 빠진다. 둘의 사랑은 곧바로 발각되고, 리더는 근시 여자를 도시로 데리고 가 다시는 세상을 볼 수 없도록 눈을 멀게 만든다.

## 장소 셋, 도시

포스터에 담긴 장면처럼 그들은 갈대밭을 가로질러 도시로 도망친다. 눈먼 여자는 남자에게 온전히 의지한 채 사랑의 도피에 성공한다. 짝 짓기 호텔로 추방되는 도시에서 그들은 비로소 안전해진다. 커플이 되었기 때문이다. 해피엔딩으로 영화가 마무리되려는 순간 그들이 한 레스토랑에 들어간다. 도시에서의 안전한 생활은 그들의 사랑이 지속되어야만 가능하다. 숲에서 운명적으로 사랑하게 된 그들은 사랑의 영원한 지속을 위해 스스로 새로운 선택을 한다. 눈먼 여자가 화장실에 간 데이비드를 기다리며 몇 잔째 물을 마시는 장면으로 영화가 끝난다. 과연 남자가 화장실에서 무엇을 하는지는 혹시 호기심에 여기까지 읽을지도 모를 아홉 명을 위해 아껴두는 것이 좋겠다. 영화 포스터에 담긴 한 줄의 카피가 힌트를 주고 있다. '가장 기묘한 상상'.

　편의 시설이 완벽한 호텔, 불편하지만 자유로운 숲, 두 장소와 유리된 도시, 그 어느 곳에서도 인간은 자유롭지도 완벽하지도 않다. 인간은 동물이 되거나 짝을 찾거나 그것도 아니면 이 모든 것에서 무조건 도망쳐야 한다. 그러나 강력해 보이던 통제가 얼마나 허술하게 무너지는지를 보여주는 장면들은 인간을 억압하는 것이 결코 외부의 힘이 아니라는 것을 증명한다. 스스로 통제하고 억압하므로 인간은 외롭고 불안하다. 서사와 논리를 완벽하게 해체한 영화는 현실을 잠시 잊게 만들지만, 당연하다고 믿는 현실을 다시 생각해 보게 만든다. 화성에서 감자를 성공적으로 키워낸 우주비행사 모험담과 비교하면 그들의 여정은 차라리 현실적이다. 사랑하는 사람을 응시하던 데이비드의 흔들리는 눈동자가 오래 기억에 남을 것 같다. 그들의 선택이 과연 기묘한지, 오히려 현실적인지 두고두고 생각해 봐야겠다. "가을이 아무렇게나 오는 건 아니었다"는 소설가 서해성의 표현이 와 닿는다. 또한 해를 이렇게 통과하고 있다.

# 상자 구조와 가짜가 주는
# 미적 체험

## 그랜드 부다페스트 호텔

진중권은 신작 『이미지 인문학』에서 "글자를 모르는 자가 아니라 이미지를 못 읽는 자가 미래의 문맹자가 될 것이다"라고 선언하고 있다. 디지털 시대에 인간은 주체subject에서 기획project으로 진화하고, 세계는 주어진 것Datum에서 만들어진 것Faktum으로 변한다고 한다. 기획을 통해 완전히 새로운 이미지를 만드는 일, 웨스 앤더슨Wes Anderson 감독의 특기다. 독특한 형식미로 누구도 흉내 내기 어려운 독창적 스타일을 구축하는 감독이다. 전작에 비해 '그랜드 부다페스트 호텔'의 이미지는 한결 화려하고 풍성하다. 그 이미지를 읽어 보는 일, 그래서 흥미롭다. 이 영화는 이야기를 직조하는 방식도 독특하다. 이야기 속에 이야기를 펼치는 방식을 액자 구조라고 한다면, 이 영화는 공간을 입체적으로 확장한다는 면에서 상자 구조라고 볼 수 있다.

영화는 한 소녀가 작가의 묘지를 찾는 장면으로 시작해서 작가의 생전 인터뷰로 이어지며 오래전에 묵었던 그랜드 부다페스트 호텔의 경험으로 다시 이어진다. 한때 번성했으나 이제는 쇠락한 거대한 호텔에서 젊은 시절의 작가는 의문의 호텔 주인을 만나 흥미로운 이야기를 듣는다. 호텔 주인으로 화자가 바뀌면서 그가 호텔 로비 보이 시절에 겪었던 모험담이 본격적으로 펼쳐진다. 현재 시점에서 1980년대 작가 인터뷰로, 1960년대 작가가 이야기를 들은 시점으로, 1930년대 진짜 이야기 속으로 이어지는 것이다. 영화의 마지막에서는 거꾸로 빠져나와 원점에서 마무리된다.

호텔 지배인인 구스타프(랄프 파인즈 분)는 독특한 취향의 소유자이며 곤란한 상황이 닥쳐도 품위와 유머를 잃지 않는다. 향수를 과다하게 뿌리고, 여행에도 와인을 잊지 않고 챙기며, 시도 때도 없이 시를 읊어댄다. 오래된 연인 마담 D의 사망 소식을 접하고 로비 보이인 제로(토리 레볼로리 분)와 함께 기차를 타고 그녀의 성으로 간다. 때마침 세계대전 전쟁 중이어서 기차에서 불심 검문을 당하지만 구스타프의 명성 덕에 무사히 통과한다. 마담 D의 성에 도착한 후 유족이 모인 가운데 유언장이 공개되는데, 마담 D는 구스타프에게 반 호이틀의 그림 '사과를 든 소년'을 유산으로 남긴다. 유족들의 분위기가 심상치 않자 구스타프가 그림을 훔쳐 달아나면서 대 활극이 펼쳐진다.

이야기 시점이 제자리로 돌아오듯이, 호텔에서 사건이 시작되고 여러 장소를 돌고 돌아 쫓기는 두 그룹과 쫓는 두 그룹이 다시 호텔에 모인다. 카스파르 프리드리히Caspar Friedrich의 그림을 연상시키는 웅장한 자연을 배경으로 동화 속에서 툭 튀어 나온 것 같은 분홍색 입면의 호텔이 산꼭대기에 서 있다. 한때 부호들이 즐겨 찾던 유명 호텔이었지만 영화의 후반부에는 군인들이 장악한 공간으로 변하며 세월이 지나 작가가 방문했을 때는 과거의 영화만 간직한 채 쇠락해 있다.

이 영화의 대표적 기호인 빨간 벽면의 엘리베이터, 작은 옥탑방, 케이블카, 교도소 내부, 기차 객실, 텅 빈 들판의 공중전화 박스 등 상자 이미지가 자주 등장한다. 커다란 홀에 난 작은 창문의 방은 상자 속의 작은 상자 같은 느낌을 주며, 기차 객실에 앉은 인물들 사이로 난 창을 통해 보이는 외부의 풍경은 공간의 깊이를 더해 준다. 호텔의 입면과 같은 분홍색인 멘들 빵집의 케이크 상자는 탈옥과 위장에 쓰이며 최후의 순간에도 목숨을 구하는 데 일조한다. 상자 구조는 이야기뿐 아니라 공간과 사물로 반복된다.

영화 속 공간은 자로 잰 듯한 질서를 구축하고 있다. 스크린의 경계를 프레임 삼아 정확한 좌우 대칭을 이룬다. 그림, 창문, 복도, 그리고 인물도 정중앙에 배치한다. 경직되어 보이는 질서를 깨는 요소는 어디로 튈지 모르는 인물의 동선이다. 끝없는 수평선과 나란히 달리다가 90도 방향으로 도주하는가 하면, 교도소나 제로의 여자 친구 방에서는 주로 상하로 이동한다. 질서의 강박 위에 예상치 못한 인물의 동선이 더해지면서 형식을 강조한 이미지가 납작해지지 않도록 돕는다.

이미지의 특성과 함께 영화를 지배하는 것은 '가짜'라는 개념이다. 구스타프는 마담 D가 자신에게 남긴 반 호이틀의 그림을 훔치고 그림이 걸려 있던 자리에 에곤 실레 풍의 그림을 걸어두고 달아난다. 천연덕스럽게 사과 꼭지를 든 소년의 모습도 웃기지만, 에곤 실레 풍의 그림은 엄숙한 자매들의 복장과 대비되어 외설스러움이 극대화 된다. 당연히 반 호이틀이란 화가는 가공의 인물이며 사과를 든 소년 또한 명품을 흉내 낸 가공의 그림이다. 실제로는 독일의 드레스덴과 괴블리츠에서 촬영했지만, 영화에서는 주브로브카라는 가상의 공간으로 설정되어 있다. 사건을 해결하게 되는 단서가 복사본이란 점도 의미심장하다. 군인과 킬러에게 쫓기던 구스타프는 제2의 유언장이 있다는 사실을 알게 된다. 마담 D가 타살 당할 것에 대비해 작성해 놓은 대안으로 원본은 사라졌지만 집사가 숨긴 복사본이 결정적인 역할을 한다. 원본과 제2의 원본이 사라지고 복사본이 가치를 발휘하는 상황이다.

진중권은 벤야민의 기술 복제와 들뢰즈의 시뮬라크르 개념을 통해 원본과 복제에 대해 설명한다. '원본-복제-복제의 복제'의 연쇄 고리 속에서 원본과 복제의 구별 자체가 무의미하며 복제에 대한 원본의 우월적 지위가 무너지고 있다고 설명한다. 반 호이틀의 그림이든 가상의 호텔 공간이든, 그것으로 인해 사건이 발생한다는 점에서 의미가 있다. 모두가 당연하다고 여기는 이미지와 엄숙함은 조금씩 비틀어지거나 전복되면서 새로운 미적 경험을 제공한다. 우리는 웨스 앤더슨이 펼치는 기막히게 기획된 농담 속에서 진짜와 가짜를 구별하는 일 따위란 아무 소용없다는 것을 영화가 끝날 때쯤 깨닫게 된다.

# 대중문화, 그 가벼움의 가치

## 헤일, 시저

비디오 가게에서 어떤 영화인지 모르고 첫 번째 칸부터 차례로 비디오를 빌려보던 시절부터 코엔 형제 감독의 팬이었다. 그들의 초기 영화인 '아리조나 유괴 사건'(1987)은 여러 번 봐도 재미있다. 코엔 형제 특유의 코미디 코드가 나와 맞았는지 사소한 장면에도 배를 잡고 웃었다. 최근 그들의 영화는 무거워졌고 잔혹해지기도 했지만 이번 '헤일, 시저!'는 코미디에 가깝다. 다시 그들의 초창기 영화에 반했던 시절로 돌아간 듯해서 반갑다.

영화의 주제는 가볍지 않다. 할리우드 영화에 종사하는 이들의 민낯과 이들을 조정하고 해결하는 대형 영화 제작사 매니저의 27시간을 통해 대중문화인 영화의 가치에 대해 말하고 있다. 시대 배경은 할리우드 시스템이 정점을 찍고 내리막길에 접어드는 시점인 1950년대 초다. 한창 잘 나갈 때는 사람이든 사회든 사유하지 않는다. 그럴 시간도 없지만 그럴 이유도 없기 때문이다. 하지만 예전 같지 않은 상황이 되면 기존 노선에 반기를 드는 집단이 생기고, 새로운 비전을 가진 혁신이 밀려온다. 자, 이제 어떻게 할 것인가. 새로움을 받아들일 것인가. 고된 현재를 유지할 것인가.

세계 대중문화를 이끄는 대형 영화 제작사의 총괄 매니저가 하는 일은 허접하기 짝이 없다. 그의 일과는 새벽부터 멍청한 배우가 친 사고를 수습하는 일로 시작한다. 진행 중인 촬영과 편집을 점검하는 기본 업무 외에도 수중 발레극 주인공의 임신 문제 같은 배우의 사생활도 해결해야 한다. 뉴욕의 사장은 서부 영화 전문 배우를 드라마 주인공으로 낙점하는데 감독은 그의 발 연기에 결국 폭발하고 영화사 대표 에디 매닉스(조슈 브롤린 분)에게 불평하기에 이른다. 게다가 대형 시대극 '헤일, 시저!'의 주인공이 가장 중요한 라스트신을 앞두고 납치당한다. 이런 문제들에 봉착한 그의 주변에는 쌍둥이 기자가 기삿거리를 캐내기 위해 번갈아 가면서 나타나 그를 괴롭힌다.

진지한 상황을 반전시키는 코엔 형제다운 유머가 곳곳에 있다. 예컨대, 종교 지도자들이 모여 영화에 관한 자문을 하다 말고 난데없이 신의 본질에 대해 토론을 벌이는 장면이라든가, 어렵게 몸값을 마련한 에디가 잘 잠기지 않는 가방을 들고 허둥대는 모습도 웃음을 자아낸다.

에디에게 외부로부터 두 가지 문제가 생기는데, 첫 번째는 스스로 '미래'라고 규정하는 공산주의자 모임이 벌인 납치 사건이고, 두 번째는 항공사의 스카우트 제안이다. 돈을 구해서 조금 작은 가방에 욱여넣어 들고 오는 길에 '미래'에서 전화가 왔다는 얘기를 듣고 가방을 감싸 안은 채 허둥지둥 뛰어가는 모습은 현재 문제들과 미래 사이에서 갈등하는 에디가 처한 상황을 대변한다. 항공 산업으로 스카우트하려는 자는 엘리트 집단으로 구성된 항공 분야야말로 새로운 시대의 주역이 될 것이라고 그를 설득한다. 영화 산업을 마약이나 스캔들 따위나 관리하는 저급한 산업으로 취급하며 텔레비전의 등장으로 퇴물이 될 '가짜'라고 깎아내린다.

여기서 잠시 흔히 '꿈의 공장'이라 불리는 할리우드 영화에 대해 알아보기로 하자. 미국에서 초기에 영화를 소비하는 대중은 중산층 이하 이민자들이었다. 유럽에서 대거 이주한 노동자들은 영어를 쓰지도 알아듣지도 못했다. 그들은 5센트라는 적은 돈으로 유일한 오락거리인 무성 영화를 즐겼다. 그 시작은 뉴욕 등 동부 도시였으나 광활한 토지와 좋은 날씨를 갖춘 로스앤젤레스는 대형 영화 촬영소가 들어서기 적합한 도시였다. MGM, 워너 브라더스와 같은 영화사들이 로스앤젤레스에 둥지를 틀었다. 자본과 전문 경영자는 뉴욕에 둔 경우가 많았다. 영화에서 에디가 뉴욕 사장의 전화에 쩔쩔매는 이유다. 영화에 여러 번 등장하는 거대한 창고 건물들로 이루어진 영화사는 촬영, 배급, 극장뿐 아니라 감독, 배우, 스텝을 갖춘 완벽한 시스템으로 운영되었다. 배우들은 소속 영화사에서 연기 외에 춤과 노래도 배웠다. 이때의 배우들이 대부분 노래를 잘하고 탭댄스까지 잘 춘 것은 이런 이유다. 그러나 스튜디오 방식은 1930년대 최고의 황금기를 맞이했다가 1950년대 텔레비전의 보급과 도시 변화 등의 이유로 위기를 맞는다.*

갈등하던 에디는 덜 힘들고 밝은 미래 대신 힘든 현실을 택한다. 주연 배우가 마지막 신을 연기하는 모습을 지켜보는 스텝을 한 명 한 명 보여주는 장면은 영화가 단 한 명의 스타만으로 만들어지지 않는다는 것을 보여준다. 에디가 크고 작은 사건을 해결할 때마다 등장하는 단어는 바로 '대중'이다. 임신한 여배우에게 대중은 너의 이미지를 원한다고 설득하고 종교인들의 엉뚱한 토론 중에도 대중이 납득할 영화를 만들어야 한다고 강변한다. 배우 스스로 부끄러워하는 서부극의 발 연기에도 관객은 박장대소하며 즐거워한다. 우매한 대중을 위로하는 빵과 서커스에 불과하다고 폄하 받는 영화의 가치를 다시 생각하게 만드는 순간이다. 코엔 형제는 자기 자리에서 최선을 다하는 수많은 영화 종사자와 대중에 대한 경배를 가볍지만은 않은 코미디로 전하고 있다.

영화는 예술이기도 하지만 산업을 기반으로 하는 대중문화다. 관객이 없다면 존재하지 못한다. 저렴하고 가짜여도 대중은 여전히 영화를 통해 치유 받고 기꺼이 향유한다. 극 중 영화의 제목이기도 한 영화 '헤일, 시저!'는 당시 인기 있던 장르인 서부극, 뮤지컬, 대형 시대극, 수중 발레극 등의 영화 제작 장면을 담고 있다. 또 한 영화에서 보기 힘든 배우들, 특히 무게감 있는 배우들의 매우 저렴한 연기에 감탄하게 된다. 혹시 코드가 맞을지 모르는 코엔 표 코미디에 한번 빠져보길 권한다.

---

\* LA가 '꿈의 공장'이 되기까지 도시사에서 사회문화사까지 총체적으로 분석한
피터 홀(Peter Hall)의 저서 *Cities in Civilization* 중 LA편을 참고했다.

# 남산은 길이다

**최악의 하루**

우디 앨런은 뉴욕이 서부의 도시들과 달리 어디나 걸어서 갈 수 있는 도시인 점을 매력으로 꼽았다. 영화 속 등장인물들은 끊임없이 거리와 공원을 걸으며 시시한 농담부터 진지한 철학까지 나눈다. 우디 앨런의 영화에 센트럴 파크가 빠지지 않고 등장하는 것은 뉴욕의 상징일 뿐 아니라 시대극을 촬영할 때도 별다른 장치가 필요 없을 정도로 변함없기 때문이라고 설명한다.

서울은 어떨까. 우선 서울은 걸어서 다니기에 물리적으로 너무 넓다. 사대문 안으로 좁혀보아도 아직은 보행자에게 친절한 도시는 아니다. 서울의 거리는 빠르게, 자주 변한다. 그래도 센트럴 파크 이상으로 긴 시간 동안 서울을 상징해온 남산이 있다.

남산은 산이자 공원이다. 한국인은 산을 신성시하며 하늘에 제사를 지냈다. 남산에 올라 임금이 사는 궁궐을 내려다보거나 나무를 꺾어 땔감으로 사용하는 일은 금지되었다. 서울을 한눈에 조망하는 일은 근대적 체험인 셈이다. 사대산 중 하나였던 남산은 도시가 확장되면서 서울의 경계에서 중심이 되었다. 산이면서 공원이기 때문에 보존과 이용이라는 상반된 개념이 계속 충돌해 왔다. 넘쳐나는 관광객으로 곤돌라를 설치하는 것이 생태 보존에 도움이 될지 더 많은 이용으로 훼손이 가중될지 여전히 논쟁 중이다. 남산은 북한산처럼 본격적으로 등산복을 입고 오르는 산도 아니고 센트럴 파크처럼 다양한 행위가 일어나는 공원도 아니다. 한양도성까지 세계문화유산 등재를 앞둔 시점이어서 남산의 특성을 하나로 규정하기는 더 복잡해졌다.*

몇 달 전 『씨네21』 김혜리 기자와의 대담에서 실제로는 체감하기 어려운 한강이 가진 깊이의 속성을 영화 '괴물'을 통해 발견한 바 있다. 영화 '최악의 하루'는 우리가 생각하는 고정관념 속 남산에서 '길'의 가능성을 환기해 준다. 남산은 하이힐을 신고도 편하게 오를 수 있는 산이자, 도시를 내려다보며 자연을 느낄 수 있는 공원이며, 조선 시대에 쌓은 도성을 체험할 수 있는 도시 유산이다. 번잡한 도심을 피해 '서울다움'을 체험할 수 있는 매력적인 길이다.

'최악의 하루'는 서촌과 남산이라는 한정된 공간에서 하루 동안 펼쳐지는 가벼운 소동극이다. 제한된 시공간은 한 편의 연극을 보는 느낌을 준다. 주인공 은희(한예리 분)는 서촌에서 배우 수업을 마치고 걷던 중에 길을 찾는 일본 작가에게 도움을 주고 함께 차를 마시고 헤어진다. 오늘 처음 본 일본 남자 A와 지금 사귀고 있는 남자 B와 잠시 사귀다 헤어진 남자 C를 남산의 길에서 만난다.

은희는 드라마 촬영 중인 B를 만나기 위해 서촌에서 남산까지 택시를 타고 간다. 한참 기다리다 만나지만 말다툼을 벌이다 헤어진다. 은희가 전망 데크에서 찍은 사진을 SNS를 통해서 보고 C가 갑자기 찾아온다. 그와는 B의 눈을 피해 잠시 사귀다 한 달 전에 헤어졌다. 유부남인 C는 은희에게 어정쩡한 태도를 보이며 매달린다. 은희는 B와 C에게 거짓말을 하며(말하는 순간은 진실로 보이지만) 각각 만나고 헤어지기를 반복한다. 어처구니없는 상황이 벌어지며 B와 C가 동시에 무대에서 사라지고 모든 것이 엉켜버린 최악의 하루가 지날 때쯤, 서촌에서 헤어졌던 A가 거짓말처럼 등장한다.

김종관 감독은 걸을 때 생기는 건강한 에너지를 담고 싶었다고 한다. B에게 남산은 삶의 현장이자 아줌마들로 붐비는 곳이고 C에게는 은희와 사랑을 속삭이던 추억의 장소다. A는 관광객 모드로 서울의 상징인 남산에 올랐다. 우연과 의도, 진실과 거짓, 설렘과 권태, 추억과 현실, 이 복잡한 감정들이 남산의 길에서 서로 얽히고설키다 마법 같은 해피엔딩을 맞는다.

'동국대 계단'이라는 대사와 숭의여대 정문과 서울 중심부가 내려다보이는 전망 데크로 보아 영화의 주요 배경은 남산의 북측 순환로다. 한양도성을 따라 정상에 이르는 계단 길에 비해 비교적 완만한 경사로다. 비빔밥과 차를 야외에서 즐길 수 있는 목멱산방과 활쏘기를 할 수 있는 전통 시설인 석호정이 있다. 실개천도 조성되어 있다. 그러나 실제로는 대중교통을 이용해서 접근하기 쉽지 않다. 남대문 시장이나 힐튼 호텔 뒤로 올라가 백범 광장에서 케이블카 정류장 방향으로 걸어가서야 북측 순환로 입구가 나온다. 반대쪽 입구는 장충단 공원을 지나 동국대학교와 국립극장에서 시작된다. 돈가스집이 즐비한 도로에서 계단으로 올라가거나 서울시청 남산별관에서도 올라갈 수 있다. 여하튼 순환로에 닿기 위해서는 한참 걸어야 한다.

'남산' 하면 대표적으로 떠오르는 장면이 N서울타워에서 사랑의 자물쇠를 채우거나 케이블카를 타고 오르는 것이다. 서울에 처음 온 관광객이나 사귀기 시작한 지 얼마 안 된 연인이 주로 하는 행태다. 우디 앨런의 센트럴 파크처럼 서울을 배경으로 한 영화에서 남산이 빈번히 등장하지만, 남산은 서울의 상징이라는 무거운 배역만 주로 맡아왔다. '최악의 하루'를 통해 본 남산은 감정 연기도 소화하는 다재다능한 연기파 배우다. 예상치 못한 샛길로 빠져 키스를 나눌 수 있는 길이자 만나지 말아야 할 사람들을 기어이 만나게 만드는 길이다. 남자 A가 감탄한 것처럼 남산의 길은 소설 속 엔딩의 배경이 될 정도로 환상적이다. 이토록 풍부한 일상의 이야기를 담고 있는 곳, 남산. 어디서든 쉽게, 누구나 편하게 닿을 수 있어야 하는 이유다.

* 남산에 관해서는 필자의 박사학위 논문을 참고하면 도움이 될 것이다.
서영애, 『역사도시 경관으로서 서울 남산』, 서울대학교 박사학위 논문, 2015.

# 무한 경쟁시대를
# 사는 딸에게

## 토니 에드만

놀랍고 신선한 이 영화는 무한 경쟁시대를 사는 딸에게 아버지
가 보내는 위로를 농담의 형식으로 그리고 있다. 처음부터 좋았
던 건 아니었다. "자기는 아버지에 대한 감정이 애틋하니 좋아할
거야"라는 동네 친구의 추천에 내심 기대했다. 바쁜 딸을 졸졸
따라 다니며 말도 안 되는 농담을 일삼는 아버지의 행동, 도무지
이해하기 힘들었다. 세 시간 가까운 상영 시간도 참을성의 한계
를 느끼게 했다. 오히려 영화를 보고 난 후에야 영화 속 상황들
이 떠올랐다. 프레젠테이션 준비를 하며 옷매무새를 고칠 때, 정
신없이 하루를 보내고 집으로 터덜터덜 걸어갈 때, 만약 아버지
가 내 모습을 본다면 뭐라고 하실까. 우리 딸 잘 살고 있구나, 그
러실까?

'토니 에드만Toni Erdmann'은 독일 영화지만 주요 배경은 루마
니아의 수도 부카레스트Bucharest다. 루마니아라면 코마네치라는
전설의 체조 선수밖에 모르는 터라 영화를 두 번째 볼 때는 생소

한 거리나 공원 풍경에 시선이 꽂혔다. 영화 속 대화나 상황은 서유럽이 시장 경제에 뒤쳐진 동유럽 국가들을 어떻게 보는지도 짐작하게 한다. 루마니아는 공산 정권 붕괴와 혁명 이후 2000년대 들어서야 EU에 가입했으며 자금 지원과 외자 유입에 따른 투자가 시작된 지 얼마 되지 않은 나라다.

이네스(산드라 휠러 분)는 석유 관련 회사의 컨설팅 일로 부카레스트에 와 있다. 개발 도상국의 기업 개혁을 추진하는 선진국에서 온 외부자인 셈이다. 올림머리에 타이트한 검은색 정장과 하이힐을 갖추고 운전기사와 비서의 수행을 받는 모습, 언뜻 보면 성공한 직업인이다. 실상은 고객의 눈치를 보며 기분을 맞춰야 하고 상사에게 능력을 인정받기 위해 불편한 업무도 해내야 하는, 신자유주의 시대를 사는 고단한 현대인의 전형이다. 자신의 욕망보다는 사회적 책무를, 자신의 윤리적 판단보다는 경제적 이익을 우선순위에 두어야 한다. 헛기침으로 진심을 감춰보지만 스트레스로 자주 미간을 찡그린다. 늘 잠이 부족해서 차만 타면 졸기 일쑤다. 이네스는 그런 생활에 대체로 만족하며 살고 있는 것 같았다. 적어도 아버지가 갑자기 나타나기 전까지는.

독일에 사는 아버지는 반려견이 자연사한 후 딸이 일하고 있는 부카레스트로 간다. 며칠 후에 중요한 프레젠테이션을 앞두고 있는 상황에서 연락도 없이 일터에 나타난 아버지로 인해 이네스는 당황한다. 비서를 시켜 숙소로 안내하고 일과를 마친 후에야 미 대사관 리셉션 일정에 아버지와 동행한다. 미 대사는 개혁, 현대화, 민간 수요 충족을 통한 국가 발전 등과 같은 주제로 연설 중이다. 참석 중인 고객을 미리 만나 분위기를 파악하고 전략을

짜려던 이네스에게 저녁 일정은 '중요한' 일의 연장이었다. 아버지는 고객에게 잘 보이려고 안절부절못하는 딸을 지켜본다. 다음 날 아버지가 묻는다. "너 여기서 행복한 거니?" "행복이요? 영화 보러 가는 거 같은 거요? … 거창한 질문이네요. 행복, 인생, 재미, 하나씩 정리해 볼까요?" 어색한 대화를 이어가던 중 전화가 걸려온다. 이네스는 고객의 와이프 쇼핑을 돕는 '중요한 일'을 위해 아버지와의 관광 약속을 취소하고 쇼핑몰로 달려 나간다. "유럽 최대 쇼핑몰이라는데 돈 쓸 사람이 없대요. 차우세스쿠 궁보다 더 재미있고 루마니아적인 장소에요." 아버지의 관심과 호의는 그녀의 바쁜 일정과 번번이 충돌한다.

집으로 돌아간 줄 알았던 아버지는 다시 돌아와 가발과 틀니로 변장한 채 '토니 에드만'이라는 가명으로 딸의 주변을 계속 맴돈다. 처음은 딸의 입장이었지만 두번째 볼 때는 아버지의 심정이 이해되기 시작했다. 변장과 농담은 아버지와 딸의 관계로는 소통하지 못하던 것을 가능하게 만든다. 아버지는 객관적으로 딸의 삶을 바라보고, 딸 역시 아버지를 제3자로 여기면서 자신에 대해 다시 생각해 볼 수 있게 된다. 이렇게 정리를 하니 그럴 듯하지만 실제 영화 속 상황들은 우스꽝스럽기 짝이 없다. 이네스는 결국 모두가 황당해 하는 즉흥적인 나체 생일 파티를 연다. 털이 수북한 불가리아 가면을 쓴 아버지를 따라가 공원에서 포옹하는 클라이맥스. 서로 말하지는 않지만 어떤 심정인지 짐작할 수 있다.

가장 감동을 주는 대목은 이네스가 노래 부르는 장면이다. 한 가정집을 방문했을 때 토니 에드만은 이네스에게 노래를 시키며 피아노 반주를 시작한다. 우리에게도 익숙한 휘트니 휴스턴의 '그레이티스트 러브 오브 올Greatest Love of All'이다. 마지못해 시작하지만 점점 감정에 도취되면서 열창으로 이어진다. "자신을 사랑하는 법을 배우는 것, 그것이 가장 위대한 사랑이다." 영화 주제와도 딱 들어맞는 절묘한 가사가 아닐 수 없다. 이 글을 쓰는 내내 휘트니 휴스턴의 노래를 반복해 들으며 가사를 곱씹고 있다. 시원한 고음을 자랑하는 원곡보다 진심으로 노래하는 이네스의 노래에 더 마음이 간다.

대학생인 나의 딸은 내가 대학 다니던 시절과는 비교할 수 없을 정도로 바쁘게 산다. 학점 관리는 기본이고, 봉사, 인턴, 영어와 역사 공부 등 바쁜 일정을 소화하느라 통학하는 시간조차 아까워한다. 모두가 그렇게 열심히 하니 성공한다는 보장도 없다. 대학입학부터 취업까지 모든 상황이 예전과 달라졌다. 오늘도 무한 경쟁시대에 살아남기 위해 애쓰는 이에게 '여유를 가지세요'라는 말은 토니 에드만이 해고된 지역 노동자에게 한 '유머를 잃지 마세요'라는 조언만큼 비현실적이다. 정상적인 조언이 비현실로 느껴질 정도로 현실이 비정상적이다. 영화의 마지막 부분, 할머니 장례식에 온 이네스에게 아버지가 하는 말을 내 딸에게도 전하고 싶다. "무언가를 이루는 데만 치중해서 이것저것 하는 사이에 인생이 금방 지나간다. 순간을 붙잡을 순 없잖니. 나는 네가 처음 자전거 탄 날을 가끔 떠올리곤 해." 내 아버지도 지금의 나를 보시면 똑같이 말할 것 같다.

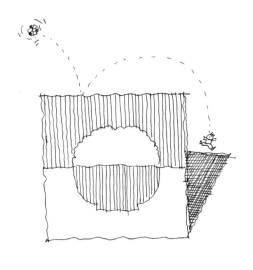

3년간의 연재를 묶는 작업, 생각보다 쉽지 않았다. 자기가 쓴 글을 다시 읽고 수정하는 일은 고통이다. 어떤 글은 잘난 척하고 싶어 안달이 나서 힘이 잔뜩 들어간 게 보이고, 어떤 글은 하고 싶은 이야기가 많아 산만하다. 한 호흡으로 써내려간 글과 참고문헌을 뒤적이며 힘들게 완성한 글의 톤도 일정하지 않다. 한꺼번에 모아 놓고 보니 습관적으로 자주 쓰는 표현이나 단어도 거슬린다. 어디까지 수정해야 하는지 한계를 정하는 게 가장 어려웠다. 결국 글을 쓴 당시의 온도는 지키되 도저히 눈뜨고 볼 수 없는 것들 위주로 수정했다.

매달 글을 쓰는 일은 행복한 고민거리다. 좋아하는 영화여서 선정하는 경우도 있고, 내 취향의 영화는 아니지만 영화 속 경관에 대해 할 이야기가 있어서 정하는 경우도 있다. 오히려 너무 좋았던 영화에 대해서는 글을 쓰지 못한 경우도 있었다. 예컨대 '캐롤'은 무거운 감정 덩어리에 눌려 결국 포기했다. 심장이 멎을 것 같은 라스트 신의 감동은 혼자만 간직하기로 했다.

글쓰기는 점점 더 어렵다. 영어는 문법부터 배워서 회화를 잘 못한다면 우리말은 회화부터 배워서 문법을 잘 모른다. 글쓰기 교육을 안 받은 탓이라고 우기자니 부끄러운 과거가 떠오른다.

논술형의 기술사 시험에 거듭 낙방하면서 무엇이 잘못되었을까 고민한 적이 있었다. 급기야 글씨체에 문제가 있나 싶어서 펜글씨 교본을 구해서 궁서체를 연습했다. 가뜩이나 시간도 부족한데 글자를 그리다가 망친 기억이 난다. 동네 친구 C는 소중한 비평가 역할을 해주고 있다. "자기 글은 스타카토식이야", "요즘 점점 공간은 사라지고 스토리가 다가오네"와 같은 실질적인 조언은 글쓰기 교본보다 더 도움이 된다.

그럼에도 책을 내고자 용기를 낸 건 잠시 가던 길을 멈추고 생각할 시간이 필요했기 때문이다. 그동안 무엇을 하고 살아왔는지, 무엇을 찾는 중인지 스스로 돌아보는 계기가 되었다. 그러고 보니 인생의 큰 그림을 그려본 적이 없다. 눈앞에 닥친 문제를 해결하는 데도 시간은 늘 모자랐다. 정신없이 일과를 마친 후 일기쓸 때 차분해지는 것과 같이 일상이 반영된 글은 즐거움보다 고단함이 더 부각된다. 일에 대한 성취감보다는 힘들다는 투정이 글에 더 배어있는 이유다. 이제 툭툭 털고 다시 연재를 이어간다.

책을 만들기까지 마음 써준 많은 분들, 교수님과 선후배들, 함께 자주 웃는 벗들, 부모님, 끝으로 이학용, 이수현, 이해권, 이해영, 네 명의 전주 이씨, 감사하고 사랑합니다.

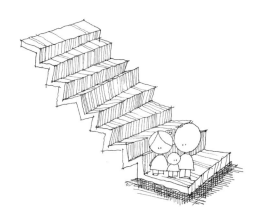

徐廷珉